黄开忠　陈威　主编

九江市
城市湖泊水生态监测调查实用手册

长江出版社
CHANGJIANG PRESS

编委会

主　编　黄开忠　陈　威

副主编　金　戎　赵　媛

参　编　蔡　倩　张俊芳　殷晓杰　杨　英
　　　　　　江嵩鹤　程郁春　杨　蓓　马沛明
　　　　　　周连凤　刘　祎　杨　涵　宋高飞
　　　　　　向贤芬　张　葵　王春芳　陈昱霖
　　　　　　刘柯心　李　贝

FOREWORD 前言

湖泊是自然界最美丽的景观之一，素有"地球上的珍珠"之称。保护江河湖泊，事关人民群众福祉。

习近平总书记高度重视江河湖泊保护和发展，党的十八大以来多次深入考察长江、黄河，作出一系列重要指示批示。在2016年1月5日召开的推动长江经济带发展座谈会上，习近平总书记强调"当前和今后相当长一个时期，要把修复长江生态环境摆在压倒性位置，共抓大保护，不搞大开发。"2020年12月26日，全国人民代表大会常务委员会颁布《中华人民共和国长江保护法》，以加强长江流域生态环境保护和修复。党的二十大报告提出，统筹水资源、水环境、水生态治理，推动重要江河湖库生态保护治理，基本消除城市黑臭水体。2023年10月10日，习近平总书记亲临九江，冒雨沿江堤步行查看沿岸风貌，了解长江岸线生态修复情况。

湖泊保护是长江流域生态环境保护和修复的重要组成部分，也是关键一环。江西省人民政府积极落实党中央、国务院决策部署和《中华人民共和国长江保护法》有关规定，2018年制定通过了《江西省湖泊保护条例》，以维护和改善湖泊生态环境。九江市人民政府因地制宜，2019年正式实施《九江市城市湖泊保护条例》，以加强城市湖泊保护。

九江是一座有2200多年历史的江南名城，曾是中国"三大茶市"和"四大米市"之一，也是我国首批5个沿江对外开放城市之一，有"三江之口，七省通衢"的美誉，被称作"天下眉目之地"，水资源丰富，湖泊众多。在九江市中心城区分布有八里湖、赛城湖、甘棠湖、南门湖、白水湖、芳兰湖、琵琶湖等7个湖泊，这些湖泊在提供洪涝调蓄、调节气候、改善城市生态环境等城市服务发挥着积极作用。同时，城市湖泊也是九江市民休闲娱乐的重要文化承载地，每一湖水，都牵动着无数市民的心。

修河水文水资源监测中心（以下简称"修河中心"）是江西省水文监测中心所属的正处级分支机构，主要承担职责包括水生态站网规划、建设和管理；水文水资源水生态监测、预报、预警，以及相关调查、分析和评价；参与重大突发水污染、水生态事件应急监测处置等。自 2018 年起，修河中心对纳入河湖长制管理的全市水面面积在 1km² 以上的重点湖泊开展水生态调查评价，监测内容涵盖浮游植物、浮游动物、底栖生物等，监测结果汇编成《九江市湖泊水生态调查报告》《八里湖水生态健康蓝皮书》等年度系列报告，为河湖治理提供了技术支撑。

2021 年 3 月，修河中心将多年来监测过程中留存的浮游生物图谱进行汇总整理，编制成《九江市湖泊水生生物图册》，以供内部参考。近年来，随着全省河湖长制走深走实不断发展，对水生态监测服务也提出了更高要求。与此同时，修河中心水生态监测能力不断提升，对《九江市湖泊水生生物图册》提出更多需求，亟需进行改版再编。

在水生态监测实践过程中，修河中心不断调整优化城市湖泊水生态监测调查方案，包括监测项目、监测指标、监测频率及点位布设、样品采集及分析等流程，不断收集城市湖泊水生生物图谱，涉及浮游植物、浮游动物等项目，不断探索新技术应用，如环境 DNA 监测技术等手段，积累了大量的技术应用资料和生物图谱图册。为全面总结城市湖泊水生态监测经验，更加科学规范地开展城市湖泊水生态监测工作，更好地服务新时代水生态文明建设及美丽江西幸福河湖建设，修河中心联合水利部中国科学院水工程生态研究所，编制了《九江市城市湖泊水生态监测调查实用手册》，从监测调查方案和水生生物图谱等方面，为水生态监测工作的开展提供指导。

本书主要分为三部分：第一部分为第 1 章，主要概述了九江市城市湖泊基本情况；第二部分为第 2 章至第 5 章，主要整编了九江市城市湖泊水生态监测调查方案与技术；第三部分为第 6 章、第 7 章、附表，主要整理了九江市城市湖泊水生态监测调查成果及附图。本书旨在以九江城市湖泊监测为例，聚焦城市湖泊水生态监测工作实际，关注城市湖泊水生态监测中的采样、资料整编等实用性问题，着眼于新技术、新方法在城市湖泊水生态监测中的应用，构建出一本实用手册。

本书受到江西省水文监测中心青年科技创新基金项目"DNA 宏基因组技术在城市湖泊浮游动物鉴定中的应用研究"（SWJJ-KT202207）的资助，特此表示感谢。

编 者

2024 年 12 月

CONTENTS 目 录

第1章 绪 论 ·· 1

  1.1 城市湖泊的概述 ··· 1

    1.1.1 城市湖泊的定义 ·· 1

    1.1.2 城市湖泊生态系统服务功能 ·· 1

    1.1.3 城市湖泊的价值 ·· 3

    1.1.4 当前城市湖泊面临的生态环境问题 ······························· 4

  1.2 城市湖泊水生态监测特点 ··· 4

    1.2.1 国外水生态监测发展 ·· 4

    1.2.2 国内水生态监测发展 ·· 5

    1.2.3 城市湖泊水生态监测特点 ··· 6

  1.3 九江市城市湖泊 ··· 7

    1.3.1 八里湖 ·· 7

    1.3.2 赛城湖 ·· 8

    1.3.3 白水湖 ·· 9

    1.3.4 芳兰湖 ·· 10

    1.3.5 甘棠湖和南门湖 ·· 10

    1.3.6 琵琶湖 ·· 11

第2章 城市湖泊水生态监测调查方案制定 ···························· 13

  2.1 监测项目的确定 ··· 13

  2.2 监测指标的确定 ··· 13

2.3 监测频率和时间	15
2.4 监测点位布设	15

第3章 城市湖泊水生态监测调查样品采集 17

3.1 人员要求	17
3.2 器具及试剂准备	17
3.3 采样方法	17
3.3.1 水质样品	17
3.3.2 浮游植物	18
3.3.3 浮游动物	18
3.4 样品固定与保存	18
3.4.1 水质样品	18
3.4.2 浮游植物	19
3.4.3 浮游动物	19

第4章 城市湖泊水生态监测调查分析技术 21

4.1 镜检鉴定技术	21
4.1.1 显微镜的类型	22
4.1.2 显微镜的观察方式	22
4.1.3 显微镜鉴定操作方法	24
4.1.4 鉴定参考资料	27
4.2 智能图像识别技术	28
4.3 环境DNA技术	30

第5章 城市湖泊水生态监测调查数据整编与分析 32

5.1 水生态数据整编	32
5.2 水生态数据主要分析方法	32

  5.2.1 R语言简介及安装 ·· 33

  5.2.2 数据处理 ·· 34

  5.2.3 数据分析 ·· 35

第6章 九江市城市湖泊水生态监测调查成果 ················ 40

 6.1 调查范围及样点 ·· 40

 6.2 水质调查结果 ·· 42

  6.2.1 水质监测结果 ·· 42

  6.2.2 富营养化监测结果 ··· 43

 6.3 水生生物调查结果 ·· 45

  6.3.1 总体结果 ·· 45

  6.3.2 八里湖 ·· 48

  6.3.3 赛城湖 ·· 51

  6.3.4 白水湖 ·· 54

  6.3.5 芳兰湖 ·· 57

  6.3.6 甘棠湖 ·· 59

  6.3.7 南门湖 ·· 61

  6.3.8 琵琶湖 ·· 63

第7章 九江市城市湖泊主要水生生物附图 ······················ 65

 7.1 浮游植物 ·· 65

  7.1.1 蓝藻门 ·· 65

  7.1.2 绿藻门 ·· 67

  7.1.3 硅藻门 ·· 72

  7.1.4 金藻门 ·· 76

  7.1.5 隐藻门 ·· 77

  7.1.6 裸藻门 ·· 77

7.1.7　甲藻门 ·· 78
7.2　浮游动物 ·· 79
　7.2.1　原生动物 ·· 79
　7.2.2　轮虫 ·· 83
　7.2.3　枝角类 ··· 87
　7.2.4　桡足类 ··· 88
附　表 ·· 91

第 1 章 绪 论

1.1 城市湖泊的概述

1.1.1 城市湖泊的定义

湖泊是指陆地上因自然或人为因素导致洼地积水，形成的水域宽阔、水量交换相对缓慢的水体。《湖沼学》定义，湖泊水深一般超过 3m，面积为 1~10hm^2。我国湖泊数量众多，类型多样，资源丰富，为众多生物的生存繁衍提供了场所。2020 年最新遥感监测结果显示，我国面积在 1km^2 以上的天然湖泊有 2670 个，累计面积约为 80662.4km^2。根据湖水深浅划分，可分为深水湖和浅水湖；根据营养状态划分，可分为贫营养湖、中营养湖、富营养湖；根据水生植物优势种划分，可分为草型湖泊和藻型湖泊。此外，还可根据湖泊形成的方式，湖泊与海洋、河流的关系，湖水热状况、水温变化来划分湖泊类型。

城市湖泊是位于城市城区或近郊的小型湖泊，是城市湿地的重要组成部分，也是城市发展的重要资源。相比非城市湖泊，人类活动对城市湖泊的影响程度更高，如渔业养殖、航运、排污、施用化肥等行为均会对湖泊生态系统的健康产生影响。

1.1.2 城市湖泊生态系统服务功能

生态系统服务功能是指人类从生态系统获得的惠益，包括对人类产生直接影响的供给服务、调节服务和文化服务，以及维持其他服务所需的支持服务，这些服务的变化可以对人类福祉产生深远的影响。概括而言，城市湖泊生态系统服务功能具体如下。

(1) 供给功能

供给功能主要包括水资源供给、渔业养殖供给、遗传资源供给等方面。

1) 水资源供给。

湖泊占全球地表淡水的近90%，河流仅占2%，城市湖泊为流域内城镇居民的生产生活和经济发展提供了必要水源。与此同时，城市湖泊也在航运、补充地下水源等方面发挥了重要作用。

2) 渔业养殖供给。

我国人口众多，耕地资源紧缺，渔业及渔业经济在社会发展和人类生产生活中具有重要地位。湖泊是重要的食物供给者，为人类提供鱼类、甲壳动物和部分水生植物资源。据《2020中国渔业统计年鉴》，2019年湖库水产养殖面积占全国淡水养殖面积的42.7%。近年来受湖泊富营养化等生态环境问题频发影响，传统渔业开始逐步转型为生态渔业，这对湖泊水生态系统协同保护治理提出了新的要求。

3) 遗传资源供给。

湖泊作为重要的生态系统类型，孕育了极为丰富的生物资源，是生物多样性最为集中和丰富的地区之一（包括浮游植物、沉水植物、挺水植物、浮游动物、底栖动物与鱼类等），对于受人类活动影响较大的城市而言，也是宝贵的生态系统遗传资源库。此外，作为水陆交错带，湖泊鸟类资源丰富，数量及物种多样性均高于其他城镇区域。

(2) 调节功能

城市湖泊对水质、旱涝和气候具有调节作用，如水源涵养、水文调节、气候调节、净化环境等。首先，湖泊生态系统具有水质净化功能，水质的变化将直接影响流域城镇居民的用水安全。2007年太湖暴发严重蓝藻水华，水源地附近的蓝藻在厌氧分解过程中产生大量的氨气、硫醇、硫醚、硫化氢等异味物质，无锡全城自来水受到污染，生活用水和饮用水严重短缺。其次，湖泊在调蓄水资源、防洪抗旱方面也发挥着关键作用。湖泊通过洪水蓄积和径流补给实现汛期水资源再分配，进而减轻洪涝灾害，这一功能在我国东部平原地区尤为突出。相应地，湖泊蓄水也可减少干旱持续时间，在缓解干旱灾害影响方面发挥重要作用。最后，湖泊具有调节气候的功能。相较于其他地区，城市湖泊及其周边区域气温变化率往往更小、降水更多，在一定程度上缓解了城市热岛效应。

（3）文化功能

城市湖泊生态系统的文化服务涉及景观美学、休闲娱乐、传承文化等方面。以九江市甘棠湖为例，甘棠湖古称景星湖，由庐山泉水注入而成。相传东汉末年东吴名将周瑜操练水军时曾在此点将；唐朝著名诗人白居易任江州司马时建亭于湖心，以《琵琶行》中名句命名为"浸月亭"，历代文人骚客宴游于此；唐代江州刺史李渤跨湖筑堤、建桥安闸以利交通、灌溉。后人感念其功德贤能，将此湖改名甘棠湖，新堤命名为李公堤。如今甘棠湖碧波荡漾，游人如织，文景交融，雅趣盎然，正是城市湖泊文化功能的绝佳体现。

（4）支持功能

支持功能是指湖泊生态系统支持和支撑其他服务功能。支持功能相对供给功能占比较少，但同样发挥着不容忽视的作用。例如，湖泊中的初级生产者通过光合作用固定二氧化碳，同时为水生生物提供能量和氧气；通过湖泊生态系统中的沉积物、水体、植被等介质，碳、氮、硫、磷等生源要素进行活跃的生物地球化学循环，同时对水质进行净化，构成了全球物质循环的重要组成部分。健康水体支持功能明显高于劣质水体，对于受到更多人类活动影响的城市湖泊而言，统筹水资源、水环境、水生态治理，减少污染物负荷，增强城市湖泊支持功能，显得尤为重要。

1.1.3　城市湖泊的价值

城市湖泊的价值体现在自然生态与经济社会价值两个方面。

（1）自然生态

城市湖泊作为淡水资源储存库，为人类调节山川径流、防洪减灾、减少雨季水患、保持旱季供水提供了重要支撑，同时，城市湖泊在保护人类生存环境和水资源持续利用等方面也发挥着重大作用，如拦截陆源污染、净化水质，是当之无愧的"城市之肾"。此外，城市湖泊通过吸热和放热调节周边小气候，缓解城市热岛效应，为城市居民提供舒适的生活环境。

（2）经济社会价值

城市湖泊作为水陆交通运输的重要组成部分，对经济社会发展具有重要意义。同时,为工业、农业提供丰富的生产用水,保障了城市发展与居民用水的需求。近年来,围绕城市湖泊开展的旅游、娱乐、休憩、度假等活动受到市民和游客的喜爱,为城市经济社会发展注入了新的活力。

1.1.4 当前城市湖泊面临的生态环境问题

与野外湖泊相比,城市湖泊人与自然的相互作用更为敏感,影响更加复杂,治理难度更高。随着气候变化和人类活动的强烈干扰,在长期开发利用湖泊资源的过程中,城市湖泊生态系统遭到不同程度的破坏,削弱了其生态系统的服务功能与价值,使得湖泊生态健康受损、完整性破坏、自修复能力下降、湖泊干涸与咸化萎缩、洪涝灾害、水环境污染、湖泊富营养化、水华频发、水生植被退化、净化能力减弱、生物多样性下降等一系列问题频繁出现,不仅制约着湖泊的可持续发展,还给居民生活造成了负面影响。当前湖泊水生态保护工作面临着基础数据匮乏、水生态监测能力滞后、监测频次不足等问题,使得我们无法明确判断水生态问题成因。因此,加强城市湖泊水生态监测,及时掌握城市湖泊水生态系统变化情况,是当前城市湖泊水资源和水生态保障工作的重中之重。

1.2 城市湖泊水生态监测特点

水生态监测是通过对水文要素、水生生物、水质等水生态要素的监测和数据收集,对水域生态环境综合变化进行分析评价,为水生态系统管理、保护和可持续开发利用提供依据的活动。世界各国在建立水生态监测和评价体系上,均经历了由单一的物理化学监测逐步发展至涵盖水生生物、水生生境等多种水生态要素监测的探索过程。其中,水生生物主要包括浮游植物、浮游动物、大型底栖无脊椎动物、水生维管束植物、鱼类等,水生生境包括湖泊形态特征、岸带特征、水文动力特征、湖泊底质特征等。

1.2.1 国外水生态监测发展

自20世纪70年代开始,美国、欧盟、澳大利亚和英国等发达国家和地区开始关注水生态监测研究。这些国家和地区通过水文、生物、物理、化学等多角度,对特定水体中各个生物要素、生境要素,以及生物与环境之间的相互关系进行监测,并对河流、湖泊等水生态系统的现状和变化进行分析评价。早期的研究积累的大量水文、生物、生境数据,以及开发的一系列技术方法,为后续的流域管理提供了重要基础。

美国和欧盟由于开展工作较早,因此积累了丰富的经验,建立了较为完备的监测评价体系。以美国为例,1972 年颁布的《清洁水法》明确规定了立法的目的:恢复和维持美国水体的化学、物理和生物完整性。随后,美国环境保护署推出了一系列针对河流生物完整性评价的技术手册,指导水生态监测工作。在此基础上,美国在国家层面相继开展了系列研究项目,如美国国家监测和评价项目、美国国家水资源调查项目和美国"国家水质评价计划"等。欧盟从 1975 年颁布《欧洲水法》开始,水生态监测发展历经 3 个阶段,2000 年颁布的以"恢复水生生态系统的结构和功能,保障水资源的可持续利用"为核心目标的《水框架指令》,标志其已进入第三阶段。《水框架指令》整合了比前分散的法令及标准,强调流域尺度综合管理,是欧洲迄今为止在水生态环境方面实施的最综合、要求最高的法律规范。与此同时,澳大利亚在 20 世纪 90 年代初开始重视水生生物监测评估的发展和实施,此后开展了"国家河流健康计划"和"可持续河流监管"等项目,用于监测和评价水生态状况。此外,澳大利亚自然资源和环境部还开发了溪流状态指数,采用河流水文学、形态特征、河岸带状况、水质、水生生物等 5 个方面指标,试图了解河流健康状况,并评价长期河流管理和恢复中管理干预的有效性。

进入 21 世纪后,韩国、巴西、墨西哥等国家也开始重视水生态监测和评价,并逐渐形成国家监测网络。

1.2.2 国内水生态监测发展

我国的水生态监测发展过程可以划分为 4 个阶段,每个阶段具有不同的特点和发展重点。

第一个阶段,20 世纪 80 年代中期至 90 年代初期,是我国水生态监测的第一次快速发展期。此阶段以行政区划为单元进行水生生物试点监测,有 20 个城市开展了相关试点工作,随后多个城市的监测站涉及这一新的监测领域。1993 年,中国科学院水生生物研究所编写的《水生生物监测手册》介绍了水生生物监测的布点、采样、实验技术、评价及数理统计方法,汇编了囊括藻类、原生动物、轮虫、枝角类、桡足类等 10 大类水生生物分类检索表,是国内第一本系统介绍水生生物监测、评价及分类的大型工具书。

第二个阶段,20 世纪 90 年代中期至 90 年代末,是水生态监测的停滞期。此阶段由于缺乏政策、资金的引导和支持,水生态监测的发展缓慢甚至停滞。

第三个阶段,2000—2010 年,是水生态监测的恢复期。随着国家"污染防治与生态保护并重"思想的确定,生物监测、水生态监测重新受到各级环境管理部门及监测站的重视。

第四个阶段,自 2010 年以来,我国的水生态监测进入了第二个快速发展期。在此期间,国家及各部委出台了水生态监测相关的政策及标准规范,主要以流域为单元进行水生态监测与评价。水利部于 2010 年开展了河湖健康评估试点工作,原环境保护部于 2013 年印发了《流域生态健康评估技术指南(试行)》。2015 年国务院发布《水污染防治行动计划》,提出要完善水环境监测网络,做好重点水域的水质全指标监测、水生生物监测、化学物质监测、环境风险防控技术支撑能力建设。2020 年 12 月和 2022 年 10 月全国人大先后通过了《中华人民共和国长江保护法》和《中华人民共和国黄河保护法》,首次从国家法律层面提出建立长江、黄河流域水生生物完整性指数评价体系。同年,水利部发布《河湖健康评估技术导则》,通过水文完整性、化学完整性、形态结构完整性、生物完整性与社会服务功能可持续性 5 大类共 27 项指标,对河流、湖泊的健康状况进行评价。生态环境部发布了《生态环境监测规划纲要(2020—2035 年)》和《湖库水生态环境质量监测与评价技术指南(征求意见稿)》,2022 年生态环境部会同水利部、农业农村部等制定了《长江流域水生态考核指标评分细则》,考核对象包括滇池、洪湖、洞庭湖、鄱阳湖、巢湖、太湖等重点湖泊。总体来说,我国的水生态监测在政策支持下飞速发展,随着技术进步和社会环保意识的增强,湖泊水生态监测将更加普遍和完善。

1.2.3 城市湖泊水生态监测特点

相较而言,湖泊的水体相对静止,使湖泊更容易受到周边环境的影响,而河流的水体具有流动性,除受周边环境影响外,还受上游环境的影响。由于湖泊和河流的特征不同,湖泊水生态监测与河流水生态监测具有明显差异,主要体现在监测对象和样点布设。例如,根据水利部《河湖水生态监测技术指南(试行)》,湖泊水生态监测以浮游动物、水生维管束植物为基本指标,着生硅藻为备选指标;河流水生态监测则相反。在布设样点时,湖泊需要考虑水文、水动力学条件、湖盆形状、人类活动影响,兼顾湖泊功能区划和行政区划等因素;河流一般会考虑空间尺度特征及对水生态监测的要求进行划分。

城市湖泊和非城市湖泊水生态监测的区别主要体现在以下两个方面:①监测目的。城市湖泊水生态监测更注重人类活动对水生态系统的综合影响及生态系统的恢复能力和稳定性,非城市湖泊偏重于自然生态系统的变化趋势和人类活动的影响程度。②监测频率。城市湖泊的监测频率可能更高,以便及时发现和解决人为干扰、环境变化对水生态系统的影响;而非城市湖泊的监测频率可能较低,但需要更长的时间尺度数据来评估自然生态系统的变化趋势。

1.3 九江市城市湖泊

1.3.1 八里湖

八里湖(图1.3-1)位于九江市城区西南部,东与九江经济技术开发区相接,北依长江,西与赛城湖毗邻,南临旅游胜地庐山,与七里湖、蛟滩湖水面贯为一体,是长江南岸直入长江的半人工湖泊。流域主要承接庐山西北面各支流坡面汇流(主要河流有沙河和十里河),现状总集水面积为273 km^2(《九江市志》《九江市水利志》早期记载面积为299 km^2),当湖泊水位为20m时,湖区水面面积达22.3 km^2;当湖泊水位为高水时(水位22.0m),湖区水面面积达27 km^2,蓄水量达1.54亿 m^3。八里湖湖底平坦,湖底高程14~15m,当湖泊水位为正常水位17.5m时,水面面积约17 km^2。流域内多年平均降水量1370mm,多年平均自产地表水资源量2.343亿 m^3,折合年径流深858.4mm,水资源总量2.50亿 m^3。

图 1.3-1　八里湖

1.3.2　赛城湖

赛城湖(图 1.3-2)原名赛湖,古称"鹤问湖",位于江西省九江市北部、长江南岸,属于吞吐型淡水湖泊。赛城湖原为江河冲积沼泽,后经修堤围垦形成固定湖泊。湖泊紧靠九江市西郊,涉及柴桑区、瑞昌市,属于长江中游下段南岸水系。入湖河流主要为长河和发源于大岷山的坡面河流,总集水面积为 991km^2。湖泊东至八赛隔堤,西至瑞昌市城郭,东西长约 15km,最宽处 5.5km,最窄处 0.75km。当湖泊水位为 20m 时,水面面积 53.6km^2,蓄水量 2.33 亿 m^3。湖底高程 13～15m,湖泊水位年际变化为 15.5～20.0m,平均水深约 4m,岸线长 54km。多年平均年降水量 1470mm,多年平均年水面蒸发量 1026mm,多年平均年入湖径流量 8.01 亿 m^3。湖面水产养殖面积达 3754hm^2,有鳙鱼、草鱼、鲢鱼、彭泽鲫等品种,其中以鳙鱼为主,特色水产品有河蟹、珍珠等。

图 1.3-2 赛城湖

1.3.3 白水湖

白水湖(图 1.3-3)为九江市城中湖,位于城区东部,九江长江大桥跨湖而过。集水面积 15.63km²,主要汇集周围丘陵沟汊之水,湖底高程为 14.0~16.0m,平均水深 1.2m,当湖泊正常蓄水位为 17.5m 时,湖面面积 1.86km²。湖泊西面建有白水明珠会展中心和青少年活动中心,北面临江建有九江生态园。

图 1.3-3 白水湖

1.3.4 芳兰湖

芳兰湖(图1.3-4)位于九江市濂溪区虞家河乡,涵盖头坝堤和导托渠堤保护范围,原属鄱阳湖鞋山湖湖汊。据调查,芳兰湖历史水域面积约$2.4km^2$。芳兰湖蓄水来源主要为山间来水,东光垄、泉水垄、螺丝垄、导托渠、张家坝、芳兰河汇入芳兰湖。高水位时由排涝站排水入鄱阳湖。

鄱阳湖生态科技城承担芳兰湖的管理,并完成芳兰湖国家湿地公园项目建设。湖区常年水位在15m,相应水域面积约$1.62km^2$。

图1.3-4 芳兰湖

1.3.5 甘棠湖和南门湖

甘棠湖(图1.3-5)和南门湖(图1.3-6)位于城区中心,湖边至长江最短距离300m,是九江市的城市景观湖。李公堤将两湖分开,甘棠湖为外湖,面积$0.47km^2$;南门湖为内湖,面积$0.53km^2$。两湖一部分承接湖周城区径流,另一部分承接来自城东南丘陵地区的坡面汇流,总集水面积$15.35km^2$,平均水深1.4m,最大水深2.4m。

图 1.3-5　甘棠湖

图 1.3-6　南门湖

1.3.6　琵琶湖

琵琶湖(图 1.3-7)位于九江市区东端,其名源于名诗《琵琶行》。湖区主要汇集周围丘陵沟汊之水,总集水面积 11.3km²。湖水经琵琶湖自排闸和排涝泵排入长江,设计排涝标准为 20 年一遇,具有一定的调蓄作用。泵站位于九江石化总厂码头附近,紧邻长江干堤72号通道闸,泵站设计装机容量840kW,抽排流量10.3m³/s;自排闸位于泵站下游60m处,孔宽1.5m、高1.8m,底板高程14.5m,最大自排能力5m³/s,起排水位17.5m,最高限制水位19.4m。

琵琶湖岸线长约2.8km,水面面积约0.24km²。据历史资料显示,当湖泊正常蓄水位为15.5m时,平均水深1.2m,水面面积0.57km²,蓄水量68.4万m³。

图1.3-7 琵琶湖

第 2 章　城市湖泊水生态监测调查方案制定

2.1　监测项目的确定

城市湖泊水生态监测项目应根据监测目的确定。城市湖泊既要维持自身的水生态系统功能，又要满足城市健康服务的功能，其水生态监测的目的应侧重于评估人类活动（渔业养殖、航运、污水排放、涉水工程建设等）或污染事故的影响，既需要在人类活动影响较少的区域设置常规监测样点，又需要在受影响及可能受影响的区域及其上下游设置监测样点，从生物多样性、水生态健康等方面反映湖泊水生态系统的质量、结构和功能。具体的监测项目和调查内容应考虑以下几点。

1）定期在人类活动影响较少的区域开展常规水生态监测，掌握长序列水生态监测数据，分析城市湖泊本身的水生态系统的质量、结构和功能。

2）定期监测主要入湖河流水体的水质状况，分析入湖河流水质对城市湖泊水生态系统构建的贡献及可能产生的影响。

3）识别人类活动方式和可能产生的生态风险，在影响区域范围及上下游区域设置监测样点，开展特定的水生态监测项目，分析人类活动对城市湖泊水生态系统的影响。

4）对突发水生态事件开展应急监测，深入分析事因、危害性、应对策略。

5）以服务人类健康为宗旨，开展城市湖泊水生态健康状况和服务功能评价。

2.2　监测指标的确定

城市湖泊水生态监测内容按河湖水生生境和水生生物两类要素进行划分，其中水生生境要素包括河湖基础信息、水质特征、水文水动力学特征、湖泊形态特征、底质特征和沿岸带特征等内容，水生生物要素包括浮游植物、浮游动物、底栖硅藻、大型底栖无脊椎动物、水生维管束植物、鱼类和鱼类早期资源等内容。

城市湖泊水生态监测指标可分为生境、理化、生物3种指标类型，见表2.2-1。

表2.2-1　　　　　　　　　城市湖泊水生态监测指标分类

城市湖泊水生态监测指标	生境指标	基础信息
		水文水动力学特征
		湖泊形态特征
		底质特征
		沿岸带特征
	理化指标	水温
		溶解氧
		总氮
		总磷
		氨氮
		高锰酸盐指数
		叶绿素a
	生物指标	鱼类种类、数量
		水生植物种类、数量
		浮游植物种类、数量
		浮游动物种类、数量

监测指标的选择是在现有监测能力的基础上确定，未来随着监测能力的不断提升，监测指标体系将逐渐健全。具体的监测指标应考虑以下几点。

1）以管理为导向，根据水生态保护管理需求，坚持问题导向、目标导向、结果导向，监测指标覆盖各种人类活动对水生态系统的影响。

2）科学合理，综合考虑水生态系统的整体性，从生态系统的结构和功能出发，科学设置监测指标，综合反映水生态系统的质量和稳定性。

3）立足实际，从水生态监测能力现状出发，将管理急需、监测方法成熟、监测能力能够支撑的项目纳入必测指标，其他项目暂列为选测指标。

4）因地制宜，根据城市湖泊水生态系统的特点，选择特色鲜明的监测指标。如大型底栖无脊椎动物监测适合于浅水湖泊，对于深水湖库等较深的水体，则不适宜开展监测。

5）稳定发展，随着管理需求的不断扩大和深化，水生态监测的指标也在逐步增加。传统生境监测指标仅包括现场生境调查,还可以有条件地增加水源涵养区生态系统质量、水生生物栖息地、人类活动等指标。

当前,部分重点湖泊水华加剧,水生态系统失衡,这对水生态监测工作提出了新的要求。未来,随着监测技术的发展,越来越多的监测指标将被纳入监测范围。例如,水华预警监测、基于环境 DNA 的水生生物多样性监测、基于高光谱等技术的中小尺度生境监测等。

2.3　监测频率和时间

监测频率和时间要充分考虑城市湖泊水生生境条件、水生生物类群的时空分布特点、水文条件、季节性分层、换水周期,以及生物的生命周期、生活特征、季节变化特征等。

一般来讲,监测频率至少每年监测 1 次,如果是受季节性影响显著的水体,则需要按季度监测(季节性监测则选择春、夏、秋、冬),而事故性污染物监测频率则需要考虑污染物效力的严重程度及持续时间等。还应确保监测结果在时间上的统一性,应在每年的同一时期开展监测,尽量缩短不同监测点位的时间跨度。

2.4　监测点位布设

城市湖泊的水生态监测点位布设应综合考虑湖泊的水文条件、湖盆形状、人类活动影响等特征,兼顾湖泊功能区划和行政区划等因素,覆盖湖泊各个典型区域。监测点位布设应符合以下要求。

1)监测站点应包含湖泊水域中心及其代表性样点,兼顾湖泊河流入口和出口。

2)湖泊水域采样站点数量按照水域面积及其代表性样点确定,具体要求见表 2.4-1。

表 2.4-1　　　　　　　　湖泊样点位参考设置数量

湖库水域面积/km^2	<1	1~10	10~50	50~500	500~1000	1000~2000	≥2000
样点设置数量/个	1	2~3	3~10	10~15	15~20	20~30	30~50

3)湖泊应采用随机取样方法,沿湖泊岸带布设湖泊岸带监测湖岸段;针对水面面积大于等于 10km^2 且小于 500km^2 的湖泊,在湖泊周边随机选择一个湖岸段作为基准,然后将整个湖岸线分为 10 等份,依次设置监测湖岸段(图 2.4-1);

对于水面面积小于 10km² 的湖泊,可以适当减少监测湖岸段;对于水面面积大于等于 500km² 的大型湖泊,宜按湖泊岸线距离不大于 30km 的要求,增加监测湖岸段;监测湖岸段的长度按 40 倍可涉水宽度确定,但最短不小于 150m,最长不大于 1km。

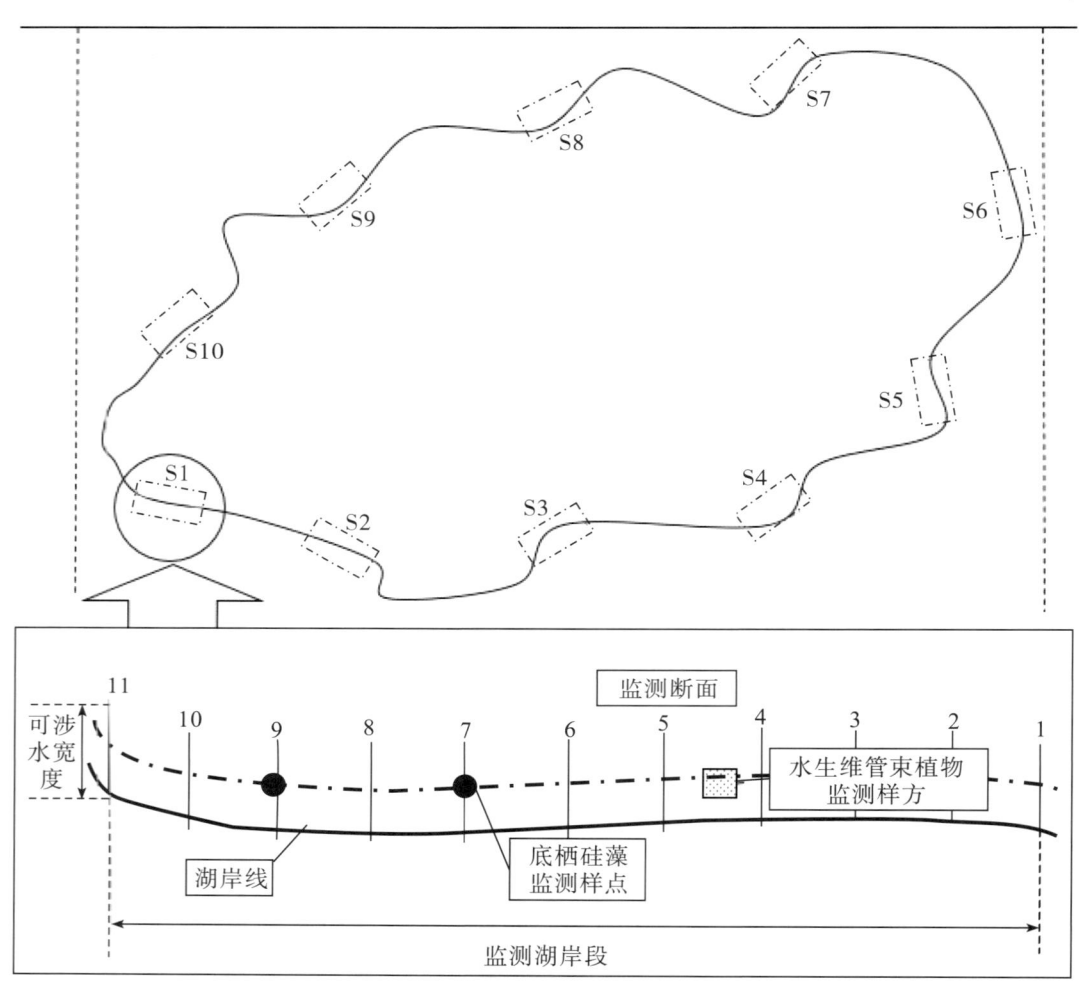

图 2.4-1　湖泊监测点断面布置示意图

4)监测断面按等距离设置在监测湖岸段内,并按 4 倍的可涉水宽度等分,布设 11 个监测断面。

5)在监测湖岸段或监测断面上布设监测样点(样方、样带、垂线)。

第 3 章　城市湖泊水生态监测调查样品采集

3.1　人员要求

采样人员应对采样区域充分熟悉或已进行预踏勘,对采样点和断面地理位置熟悉,对不同类群样品的采集标准方法熟悉,对可能发生的情况有一定的预案。

实验室分析人员对所分析的类群受过专业培训,且已取得上岗合格证或获得授权,真实具备浮游植物或浮游动物样品检测分析能力。

3.2　器具及试剂准备

防护器具:救生衣、雨靴、手套,以及必要的应急医药品等;

采集器具:浮游生物网(13 号、25 号)、采水器、棉绳、长杆、样品瓶(50mL、100mL、1000mL)、防水标签纸、记号笔、透明胶带、封口袋等;

测量器具:温度计、溶氧测定仪、测深仪、透明度盘等;

固定试剂:鲁哥氏液(6g 碘化钾+4g 碘+20mL 冰醋酸+80mL 蒸馏水)、甲醛溶液(浓度 37%～40%)。

3.3　采样方法

3.3.1　水质样品

水质样品使用采水器采集。当水深为 1.0～5m 时,在水面下 0.5m 处设置 1 个采样点,当水深不足 1.0m 时,在水深 1/2 处设置采样点;当水深为 5～10m 时,在水面下 0.5m、水底上 0.5m 处设两个采样点;当水深大于等于 10m 时,在水面下 0.5m、水底上 0.5m、中层 1/2 水深处设置 3 个采样点。

采样时，不得搅动水底沉积物，避免影响样品的真实代表性。使用船只采样时，采样船应位于下游方向逆流采样；在同一采样点上分层采样时，应自上而下进行，避免不同层次水体混扰。

pH 值、溶解氧等监测项目应在采样现场采用对应方法进行检测。

具体水质样品的采集参照水利部标准《水环境监测规范》(SL 219—2013)、生态环境部标准《水质 采样技术指导》(HJ 494—2009)。

3.3.2 浮游植物

定量样品使用采水器采集。当水深小于等于 5m 且是混合均匀的湖泊时，在水面下 0.5m 处采集水样 1000mL 或 2000mL，当是缓流或静水状态时须在水面下 0.5m 和水底上 0.5m 处采集等体积水样，混合后取 1000mL 或 2000mL；当水深大于 5m 时，需要增加在中层 1/2 水深处采集。

定性样品采用 25 号浮游生物网，在表层以下约 0.3m 处呈"∞"字形快速拖曳 3min 以上采集。

3.3.3 浮游动物

浮游动物中的原生动物和轮虫样品，与浮游植物同时采集，除定性样品补充采集 1 份供活体观察外，其他直接利用浮游植物定量和定性样品。

浮游动物中枝角类和桡足类定量样品使用采水器采集，当水深小于等于 5m 且是混合均匀的湖泊时，在水面下 0.5m 处采集水样 20～50mL，然后用 25 号浮游生物网过滤浓缩并装入 100mL 样品瓶；当水深大于 5m 时，需要增加在中层 1/2 水深处采集；定性样品采用 13 号浮游生物网在表层以下约 0.3m 处呈"∞"字形快速拖曳 3min 以上采集。

3.4 样品固定与保存

3.4.1 水质样品

水样装入容器后，应按规定要求立即加入相应的固定剂摇匀，并贴好标签；或按规定要求低温避光保存。具体水质样品的保存参照水利部标准《水环境监测规范》(SL 219—2013)、生态环境部标准《水质 样品的保存和管理技术规定》(HJ 493—2009)。采样容器和常用水样保存方法见表3.4-1。

表 3.4-1　　采样容器和常用水样保存方法

项目	采样容器	保存方法及保存剂用量	保存时间
高锰酸盐指数	硬质玻璃瓶	0~4℃避光保存	2d
氨氮	硬质玻璃瓶、聚乙烯瓶	H_2SO_4，pH值≤2	24h
总磷	硬质玻璃瓶、聚乙烯瓶	HCl 或 H_2SO_4，pH值≤2	24h
总氮	硬质玻璃瓶、聚乙烯瓶	H_2SO_4，pH值≤2	7d

3.4.2　浮游植物

（1）样品固定与保存

样品采集完成后，应立即加入鲁哥氏液摇匀，用量为水样体积的1%~1.5%。如需较长时间保存，则应再加入40%的甲醛溶液，用量为水样体积的4%。在样品瓶外贴好标签，标明采样点信息、采样日期、样品类型、样品体积等，用透明胶带粘贴于外层以防脱落。

（2）沉淀与浓缩

摇匀水样，倒入1000mL的沉淀器中（采集2000mL水样时需要前期沉淀48h后用虹吸法抽滤至约1000mL），2h后旋转沉淀器使附壁的浮游植物下沉，再静置48h，最后用虹吸法吸去上清液（保留50mL用于后续冲洗）。保留底部含沉淀物的水样25~35mL，转入100mL样品瓶中。用保留的50mL上清液冲洗沉淀器2~3次，一并转入样品瓶中，再沉淀24h后定容到30mL（或50mL）。沉淀和虹吸过程应避免晃动，防止吸出浮游植物。样品贴好标签置于样品柜中避光保存。

3.4.3　浮游动物

除供活体观察的样品外，原生动物和轮虫样品保存方法同浮游植物。枝角类和桡足类定量样品应立即用甲醛固定，用量为水样体积的4%。如需较长时间保存，则应在每年夏季前再加入甲醛，用量为水样体积的2%~3%。

浮游植物及浮游动物样品保存方法见表3.4-2。

表 3.4-2　　　　　　　　　　　浮游植物及浮游动物样品保存方法

类别		定量	定性
浮游动物	枝角类、桡足类	25号浮游生物网过滤10L水，装入100mL样品瓶，按水样体积的4%加入甲醛	13号浮游生物网水下0.3m处快速拖曳3min，装入50mL样品瓶，按水样体积的4%加入甲醛
	原生动物、轮虫	1000mL或2000mL水样加入1%～1.5%鲁哥氏液，经沉淀后，浓缩至30～50mL	25号浮游生物网水下0.3m处快速拖曳3min，装入50mL样品瓶，按水样体积的1.5%加入鲁哥氏液
浮游植物			

第 4 章　城市湖泊水生态监测调查分析技术

随着城镇化的高度发展，一些城市湖泊受到人类活动的强烈干扰，产生富营养化、水污染现象，引发了一系列水生态问题。随着科研工作者和管理部门对水生态监测的认识越来越深，我国各大流域及地方水资源、水环境监测机构均已将水生态监测工作常规化，水文、水质、水生态"三水合一"，产生了大量的浮游生物样品鉴定需求。然而，基于传统形态分类的方法对鉴定人员的科研素质要求高、培养周期较长，鉴定速度无法满足管理和科研需求。因此，新的分析技术（如智能图像识别技术）和环境 DNA 技术逐步被开发，相较人工形态鉴定来说，在一些特殊条件下具备了速度快、效率高、成本低的优势。

4.1　镜检鉴定技术

近年来，显微镜的发展同样经历了一个快速发展时期。其发展历程可以追溯到 17 世纪，当时最早的显微镜是由荷兰科学家 Antonie Van Leeuwenhoek 制造的单透镜显微镜，但其只能放大 100 倍左右。后来，英国科学家 Robert Hooke 和荷兰科学家 Christian Huygens 分别发明了复合显微镜和相衬显微镜，使得显微镜的放大倍数和分辨率有了大幅提高。

显微镜的发明，为微生物分类学的研究打开了一扇大门。目前形态鉴定法是主流鉴定技术，也是我国水环境监测规范中的标准方法。检测浮游植物和浮游动物时，通过显微镜观察其分类特征，并根据专业、权威的分类书籍对水环境中的水生生物种类进行鉴定并计数，以获取该样点环境中的物种组成与群落结构。不同生物类群由于个体大小和形态结构的差异，需要选用不同类型和不同模式的观察工具，只有使用正确的工具，才能获得更准确的数据。

4.1.1 显微镜的类型

(1)正置显微镜

正置显微镜是一种常见的显微镜类型,样品位于物镜下方,镜头透过样品向上照射,因此也被称为"透射式显微镜"。

正置显微镜在浮游生物鉴定中扮演着重要角色。通过正置显微镜可观察浮游生物的形态、大小、结构和颜色等特征,帮助进行分类和鉴定工作。观察者通常会使用40~100倍的高倍物镜来放大藻类等,观察其分类特征、轮廓、色素体形状和鞭毛等结构。为了获得更清晰的成像效果和图像资料,观察者还需要使用调焦和调光等功能。

(2)倒置显微镜

倒置显微镜是一种将样品放置在物镜上方的显微镜,因此也被称为"反射式显微镜"。倒置显微镜的光路经过镜头后会射向样品,再反射回镜头成像。由于样品位于镜头上方,倒置显微镜样品架更加稳定,适用于观察比较大、较厚的样品,通过调焦、调光、调节视野和增加对比度等可以帮助观察者获得更清晰的成像效果,以便更好地观察样品。

在浮游动物的检测,尤其是在枝角类和桡足类的检测过程中,使用倒置显微镜较多。

4.1.2 显微镜的观察方式

浮游植物是一种单细胞、内含色素体的微型生物,而浮游动物则为多细胞生物,触角、附肢等器官较为成熟,因此两者在个体大小、营养方式、结构特征方面有着较大的区别。在鉴定浮游植物和浮游动物时,需要视情况不同,选择不同的观察方式进行。

(1)荧光模式

使用荧光对浮游植物进行鉴定是一种常见的方法,可以利用植物在特定波长下吸收和发射荧光来识别其类型和组成。

蓝藻通常含有辅助色素(如叶绿素 a 和藻蓝蛋白等),这些色素在荧光显微镜下可能会呈现出不同的荧光颜色,通常在红—橙色波长下吸收光线,并以红—橙色的荧光发射。蓝藻细胞通常较小,形态各异,而且可能以群体形式存在。绿藻在荧光监测中通常表现出较弱的荧光信号，含有叶绿素 a 和叶绿素 b 等色素，这些色素在蓝—绿色波长下吸收光线，并以绿色的荧光发射。绿藻细胞形态多样，可以是单细胞、链状、丝状等。硅藻通常具有硅质外壳，荧光显微镜下呈现出独有的特征。硅藻细胞通常具有规则的形状和复杂的细胞壁结构。

在显微镜下通过荧光颜色、荧光强度和荧光分布等特征来区分蓝藻、绿藻和硅藻，但在实际浮游植物的鉴定过程中，往往需要鉴定到属或种级别，荧光识别尚不能达到此要求，因此，基于荧光的浮游植物鉴定应用场景有限。

(2) 明场与暗场模式

明场成像是最常见的显微镜观察方式，也是观察生物样品和材料样品最常用的观察方式。这个方法简单有效，成本低。但是标记的成分数量有限，致使应用范围不广，对比也不太明显。

在明场模式下观察不透明的材料样品时，光源直接照射到样品表面，通过样品表面结构对照射光不同程度的反射和吸收（图像的亮暗就反映样品表面的粗糙度和吸光情况），显示出样品表面的情况。使用明场模式观察浮游植物比较直观，可以初步看到浮游植物的形态和结构特征，但是藻类细胞的一些细节特征往往不够清晰。

暗场成像与明场成像相对应，顾名思义，人不会直接观察到照明光线，当光线斜射到标本的表面，根据丁达尔（Tyndall）现象，样品对斜射光进行反射或衍射，增大了物体在眼中的可见性，这才使能我们观察到极其微小的物体。

(3) 相差模式

相差模式（Phase Contrast）也是一种很常见的观察方式。在明场模式下虽然可以观察到单细胞浮游植物轮廓，但是其边界或内部结构无法分辨清楚。相差模式利用光程差（相位）这种人眼无法区分的技巧，通过不同厚度标本时的光程差转变为人眼可以观察到的明暗变化，从而对标本的结构进行区分。

相差成像的关键在于相差环的匹配，聚光镜必须和相差物镜的相差环匹配。当观察或成像活体的浮游植物细胞时，相差是一种很好的增强对比度的方法，但通常会导致细胞边缘轮廓周围出现光晕，而这些光晕是光学伪影，会降低边界细节的可见性，这也在一定程度上损失了对浮游植物细胞外壁结构的观察。

浮游植物通常是单细胞生物或简单多细胞生物，其细胞形态和结构较小且变化较快,相差显微镜可以直接观察生物的形态、结构和运动等特征,因此相差显微镜适用于观察浮游植物。对于一些个体较大的浮游植物和浮游动物来说,该方法并不实用,因为一旦远离焦面,相位将发生变化,这会扭曲图像细节。此外,漂浮的碎片和其他失焦的物体会干扰成像。

(4)微分干涉模式

微分干涉(Differential Interference Contrast)是各种观察模式中最复杂的一种。微分干涉成像使样品出现一种立体感,效果更加直观,但其光路配件复杂,调节难度大。

在浮游植物组织中,双折射细胞壁虽然能在一定程度上降低微分干涉的对比度,但是依旧能显示细胞中的核、液泡膜和叶绿体。与相差模式相比,微分干涉模式的成像效果能够避免细胞边缘的光晕。

微分干涉显微镜是一种高分辨率、非接触式的显微镜技术,可以通过测量样品表面的相位差来获得高质量的三维形态图像,适用于观察细胞的形态、结构和其他细节。然而,微分干涉显微镜对样品的表面形态要求较高,且需要样品具有足够的透明度,使用活体或者固定剂保存的浮游植物通常较小,其三维形态变化较小,因此微分干涉显微镜不太适合用于观察浮游植物。在硅藻的鉴定过程中,往往需要对细胞内含物进行去除,仅剩余两片盒状细胞壁,其主要成分为透光性较好的二氧化硅,因此,其细胞壁上的不同结构(如壳缝、条纹、肋纹、凸起或孤点)在微分干涉模式下清晰可见。由于硅藻个体较小,因此高倍镜微分干涉模式对观察硅藻门种类非常合适。

综上所述,相差显微镜更适合用于观察固定剂保存或活体的浮游植物,因为可以直接观察样品的形态、结构和运动等特征,而微分干涉显微镜则更适合处理过后的硅藻样品。

4.1.3　显微镜鉴定操作方法

样品采集完成后,依据项目要求或科研需求,设定鉴定数据指标并明确其用途。一般要求对浮游植物和浮游动物定性和定量样品进行定性和定量数据的检测,定性数据获取该样点或区域物种组成,而定量数据获取该样点不同物种组成的多度结构及其密度和生物量等。具体操作方法如下。

(1)浮游植物鉴定与计数

摇匀定量样品,迅速吸取 0.1mL 样品,置于 0.1mL 计数框内,盖上盖玻片,计数框内应无气泡、无水样溢出。平均每个视野浮游植物个数为 3 个及以上时,用视野法计数,一般计数 100 个视野,浮游植物计数总数不能小于 300 个细胞,如果大于 300 个,则再增加 100 个视野,以此类推进行计数;平均每个视野浮游植物个数低于 3 个时,用行格法或全片计数法计数,具体参见《内陆水域浮游植物监测技术规程》(SL 733—2016)。每瓶样品计数 2 片,取总数量的平均值,每片计数结果与平均值的差应不大于±15%,否则计数第 3 片。计数单位用细胞个数表示,对不易计数的群体或丝状体,可求出平均细胞数。

用视野法计数的浮游植物密度可按式(4-1)计算:

$$N = \frac{C_s}{F_s F_n} \frac{V_s}{V_v} P_n \tag{4-1}$$

式中,N——每升水样中浮游植物的数量,cells/L;

C_s——计数框面积,mm²;

F_s——视野面积,mm²;

F_n——每片计数过的视野数,个;

V——采集的水样体积,mL;

V_s——水样经浓缩后体积,mL;

v——计数框容积,mL;

P_n——计数所获得的细胞个数,个。

用行格法和全片计数法计数的浮游植物密度计算方法参见《内陆水域浮游植物监测技术规程》(SL 733—2016)。浮游植物生物量计算采用体积换算为生物量(湿重)方法,具体参见《内陆水域浮游植物监测技术规程》(SL 733—2016)。

(2)浮游动物鉴定与计数

充分摇匀定量样品,迅速、准确地吸取规定体积的样品置于计数框内,盖上盖玻片后,计数框内应无气泡,且不应有水样溢出。每瓶样品计数 2 片,取平均值,每片计数结果与平均值的差应不大于±15%,否则计数第 3 片。不同类群具体如下。

1)原生动物。

吸取 0.1mL 样品,置于 0.1mL 计数框内,盖上盖玻片,在 20 倍物镜显微镜下全片计数,每瓶样品计数 2 片,取平均值,每片计数结果与平均值的差应不大于±15%,否则计数第 3 片。

2)轮虫。

吸取 1mL 样品,置于 1mL 计数框内,盖上盖玻片,在 10 倍物镜显微镜下全片计数,每瓶样品计数 2 片,取平均值,每片计数结果与平均值的差应不大于±15%,否则计数第 3 片。

3)枝角类和桡足类。

用 5mL 计数框将样品分若干次全部计数。如样品中个体数量太多,可将 5mL 样品稀释至 30mL 或 50mL,吸取 5mL 样品,置于 5mL 计数框,用 4 倍物镜显微镜下全片计数,每瓶样品计数 2 片。

4)无节幼体。

如样品中个体数量少,则在甲壳动物样品中同时全部计数;如样品中个体数量多,则在轮虫样品中同轮虫一起计数。

优势种类应鉴定到种,其他种类至少应鉴定到属。种类鉴定除用定性样品进行观察外,还可吸取定量样品进行观察。枝角类鉴定时应压片露出分类特征。桡足类鉴定时应选择成体,加甘油在解剖镜下解剖第五胸足、第四胸足或第一触角,将其放置在载玻片上,盖上盖玻片后在显微镜下鉴定。

浮游动物密度可按式(4-2)计算:

$$N=\frac{vn}{VC} \tag{4-2}$$

式中,N——每升水样中浮游动物的数量,个/L;

v——样品浓缩后的体积,mL;

n——计数所获得的个体数,个;

V——采样体积,L;

C——计数样品体积,mL。

在浮游动物生物量计算过程中,不同类群计算方式如下。

1)原生动物、轮虫:可用体积法求得生物体积,相对密度取 1,再根据体积换算为质量和生物量。

2)甲壳动物:可用体长—体重回归方程,由体长求得体重(湿重)。

3）无节幼体：单个个体可按 0.003mg 湿重计算。

4.1.4 鉴定参考资料

选择适合的参考书籍对科学准确地进行浮游植物和浮游动物的形态学监测至关重要。

首先，根据监测对象选择。当监测样本来自淡水水体时，应选择在淡水环境中研究的书籍；当监测样本来自海洋或半咸水环境时，应选择在海洋或半咸水环境中研究的书籍。

其次，根据研究地域选择。充分了解当前监测样品的来源及地区特点，优先选择涵盖特定地域物种的书籍。

最后，根据专业需求选择。根据当前监测工作需要的分类学详细程度选择书籍，如有些书籍提供基础的分类和识别信息，适合初学者使用；有些书籍提供详尽的分类和形态学信息，或仅针对某一小类群体进行深入分类学研究，适合高级研究人员使用。

我国当前浮游植物和浮游动物形态学研究处于快速发展阶段，较权威的浮游植物和浮游动物形态学分类参考书由胡鸿钧、蒋燮治等分类学家编写，可作为常规浮游植物和浮游动物监测的参照书籍。部分浮游植物和浮游动物监测的参考书籍见表 4.1-1。

表 4.1-1　　部分浮游植物和浮游动物监测的参考书籍

序号	鉴定类群	书名	版本	出版社	作者
1	浮游植物	中国淡水藻类——系统、分类及生态	2006	科学出版社	胡鸿钧，魏印心
2	浮游植物	中国内陆水域常见藻类图谱	2012	长江出版社	水利部水文局，长江流域水环境监测中心等
3	浮游植物	鄱阳湖流域主要藻类图谱	2019	科学出版社	戴国飞，钟家有，胡建民等
4	浮游植物	太湖常见藻类图集	2017	中国环境出版社	无锡市环境监测中心站
5	浮游植物 浮游动物	沙颍河常见水生生物图集	2016	中国水利水电出版社	姜永生，胡菊香，池仕运等

续表

序号	鉴定类群	书名	版本	出版社	作者
6	浮游植物（硅藻）	Guide identification desdiatomées des revières de l'Est du Canada	2008	Presses de l'Université du Québec	Isabelle, L., Paul B. H., Stéphane C., 等
7	浮游动物（枝角类）	长江流域的枝角类	2014	中国科学技术出版社	向贤芬, 虞功亮, 陈受忠
8	浮游动物（枝角类）	中国动物志：节肢动物门 甲壳纲 淡水枝角类	1979	科学出版社	蒋燮治, 堵南山
19	浮游动物（桡足类）	中国动物志：节肢动物门 甲壳纲 淡水桡足类	1979	科学出版社	中国科学院动物研究所甲壳动物研究组
10	浮游动物（轮虫）	中国淡水轮虫志	1961	科学出版社	王家楫
11	浮游动物	微型生物监测新技术	1990	中国建筑工业出版社	沈韫芬, 章宗涉, 龚循矩等

4.2 智能图像识别技术

传统的显微镜检主要依赖科研人员的肉眼观察，这一过程既费时又费力，且时效性较差。为了应对一些科研和管理需求，快速鉴定浮游植物中优势藻类的种类及丰度，对早期预测预报藻华灾害乃至控制其暴发非常重要。

目前，多数水生生物监测和研究机构仍采用显微镜检。然而，人工经验分析对实验人员的浮游植物和浮游动物鉴定专业知识要求极高。我国具备丰富藻类鉴定专业知识的实验人员非常缺乏，人工分析远远不能满足藻类监测工作的需要，特别是在突发事件的应急处理方面。

藻类的自动识别技术主要基于藻类外部轮廓特征和表面纹理特征进行分类，但很难识别外部轮廓彼此相似的藻类。由于藻类个体微小、种类繁多，并且每一种藻类在其不同的生长期和成像的不同角度下形态特征都有所不同，智能图像识别技术仍处于快速发展阶段，其技术原理与步骤如下。

(1)图像数据采集与预处理

通过传统显微镜收集藻类图像数据集,并对数据进行预处理。这些预处理步骤可能包括:

1)去噪处理。去除图像中的噪声,提高图像质量。

2)调整图像大小。规范图像尺寸以便后续处理。

3)颜色平衡。调整图像的颜色平衡以确保数据的一致性。

(2)特征提取

从图像中提取有用的分类特征以表示藻类的不同形态和结构。这些特征可以包括:

1)颜色直方图。分析藻类的颜色分布。

2)纹理特征。利用纹理分析方法提取藻类表面的纹理信息。

3)形状描述。通过形状分析方法提取藻类的几何特征。

目标是找到最能代表藻类的特征,以便后续分类和识别。

(3)特征选择与降维

在大规模图像数据集中,可能存在冗余和不必要的特征。利用特征选择和降维技术(如主成分分析 PCA、线性判别分析 LDA 等)可以减少特征数量,提高分类器的效率和准确性。

(4)训练分类器

使用机器学习算法或深度学习模型来训练分类器。常见的分类器包括:支持向量机、k-最近邻、决策树、随机森林等,当数据集较大且复杂时,深度学习模型(如卷积神经网络 CNN)可能更适合。

(5)测试与评估

使用测试数据集来评估分类器的性能。通过计算准确率、召回率、F1 分数等指标来衡量分类器的效果,不断优化模型直至达到满意的结果。

(6)实时识别与应用

将训练好的模型应用于实际图像中,实现藻类的实时识别与分类;还可以应用于环境监测、水质评估、水生态系统研究等。

随着智能图像识别技术的不断进步,基于机器学习算法和深度学习模型的藻类自动识别技术将逐渐成熟,逐渐弥补传统人工分析的不足,提高藻类监测的效率和准确性,为环境保护和生态研究提供有力支持。

4.3 环境DNA技术

环境DNA(environmental DNA,eDNA)是指从环境样品(如水、土壤、空气、冰芯等)中直接提取的DNA片段的总和。这些DNA片段来源于环境中各种生物(包括微生物、植物、动物等),既包含生物体及其排泄物释放到环境中的胞内DNA,也包括细胞死亡后释放到环境中的胞外DNA。

环境DNA技术通过PCR扩增技术,从环境样品中收集并分析目标基因片段。这些基因片段经过保存、提取、扩增、测序和分类分析后,可以揭示环境中生物群落的物种组成和丰度,进而确定取样环境中生物的分布情况。这种方法因其高效、准确且不干扰环境的特点,受到越来越多研究者的关注。

在水生态系统中,环境DNA技术通过采集河流、湖泊、水库等水体的水样或沉积物样本,收集其中微生物个体和大型生物的残留组织或游离DNA。利用高通量测序技术,可以详细分析环境中不同类群的生物群落组成和多度结构。过去10年来,高通量测序技术在浮游生物群落结构研究中的广泛应用,证明了其在水生态系统中监测和定量生物多样性方面的有效性。

环境DNA在浮游植物和浮游动物检测方面提供了宝贵的数据,帮助我们更好地了解水体浮游植物和浮游动物群落结构的变化。与传统的形态学方法相比,环境DNA技术具有显著优势。DNA宏条形码技术因其高灵敏度和稳定性,成为一种强大的工具,可以有效补充浮游植物和浮游动物群落中的物种信息。传统形态学方法可能受环境因素影响而导致分类偏差,而环境DNA技术能避免这些问题。同时,环境DNA技术还能检测到丰度极低的物种,这些物种可能被传统方法忽视,从而提供更全面的物种多样性和群落特征信息。

随着城市的快速发展,城市湖泊面临的问题日益多样化。对湖泊水生态监测的指标和频次要求不断提高,常规的人工监测往往不能及时提供结果以满足管理需求。环境DNA技术在这一背景下显示出巨大潜力,可以在一定程度上满足这些需求。

此外,环境DNA技术不仅应用于水生态系统,还广泛应用于土壤、空气、冰芯等其他环境样品的生物多样性监测。在生态保护、生物入侵监测、环境污染评估等方面展现出重要价值。例如,通过检测土壤样本中的环境 DNA,可以评估地下生物多样性和土壤健康状况;通过空气样本中的环境 DNA 检测,可以监测空气中花粉、孢子等的分布情况。

环境 DNA 技术作为一种新兴的环境监测工具,具有高效、准确、不干扰环境等优势。在水生态系统中的应用,尤其是浮游生物、珍稀鱼类检测方面,显示了显著的改进和应用前景。随着技术的不断发展和完善,环境 DNA 技术将在更多领域中发挥重要作用,为生态环境保护和管理提供强有力的支持。

第5章 城市湖泊水生态监测调查数据整编与分析

5.1 水生态数据整编

水生态监测调查主要包括水生生境的监测和水生生物的监测。

水生生境的监测项目包括现场基础信息和实验室水质指标检测信息。其中现场基础信息包含采样点经纬度坐标与海拔、采样时的天气和气候状况等，其结果以"样点×指标"形式的二维表整编；水质指标检测信息包含一些与水生生物生长繁殖相关的重要水质参数，主要有水温、pH值、溶解氧、电导率、透明度、浊度、高锰酸盐指数，以及营养盐参数（如总氮、总磷、氨氮、硝态氮、亚硝态氮、正磷酸盐、硅酸盐等）。条件允许时，同步调查水体水文水动力特征、河湖地貌特征、底质特征、河岸带特征。在一些特定目的条件下进行监测时，还需要监测特定指标，如在重金属污染调查时需要检测重金属含量，在有机污染调查时需要检测有机污染物浓度。

水生生物的监测项目包括浮游植物、浮游动物、底栖动物、着生藻类与水生高等植物等，通过实验室形态鉴定或其他手段，获取不同类群物种组成、密度、生物量信息，其结果以"样点×物种"形式的二维表整编。

上述三类数据要求一一对应，且格式统一，以便后续分析。

5.2 水生态数据主要分析方法

随着计算机技术的广泛发展与应用，群落生态学研究工具日臻成熟，带动了相关学科的快速发展。其中，以R语言为基础，不同分析包（package）为载体，已成为目前广泛使用的群落生态学数据分析工具。然而，如何从众多的R语言中选择合适、高效、便捷、易学的工具，成为许多相关从业者面临的问题。

本节水生态数据的主要分析方法介绍主要以 R 语言为例。

5.2.1　R 语言简介及安装

R 语言是一种专为数据分析、统计绘图而研发的语言和操作环境,借助于 RStudio 操作界面,可更加直观地使用。安装好 R 语言和 RStudio 后,其界面见图 5.2-1。

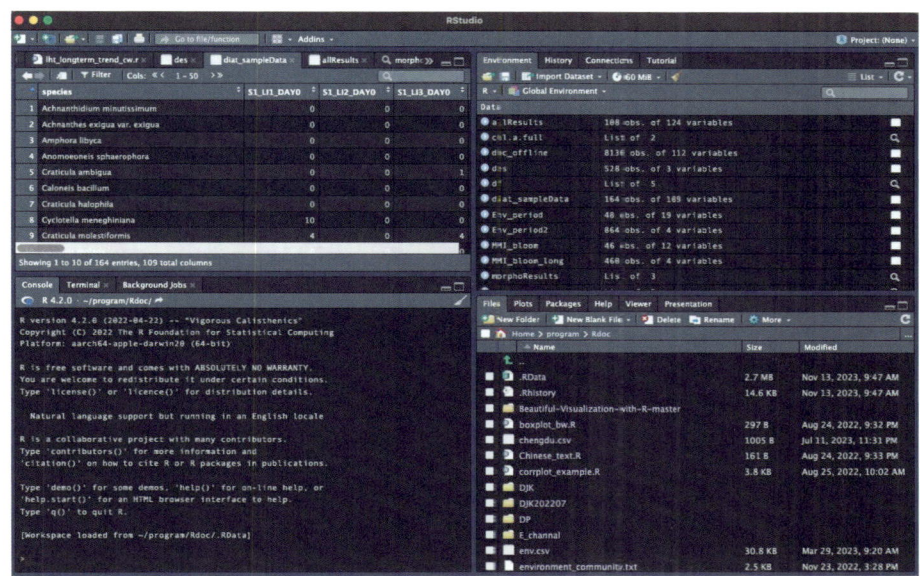

图 5.2-1　R 语言操作界面

其中,图 5.2-1 左上区域为数据展示区;右上区域为文件列表区,包括代码编辑历史等;左下区域为代码编辑区;右下区域为工作文件夹区,包括图像展示、安装包列表、帮助文档等。

R 语言及工作环境布置好之后,选择需要使用的包(package)进行安装,其代码如下。

```
1. install.packages("tidyr")    # 安装数据处理包 tidyr
2. install.packages("ggplot2")  # 安装作图包 ggplot2
3. library(tidyr)               # 加载包
4. library(ggplot2)
```

5.2.2 数据处理

当进行上述数据整编时,将环境数据、水生生物数据等整编成二维表格式,但是在 R 语言环境中作图时,需要预先将其转化为一维表格,即通常将"宽数据"转化为"长数据",其代码如下。

```
1. # 宽数据转换为长数据
2. long_data <- pivot_longer(
3.    data = wide_data,
4.    cols = starts_with("time"),    # 选择要转换的列
5.    names_to = "timepoint",        # 新的"时间点"列名
6.    values_to = "value"            # 新的"值"列名
7. )
```

处理环境数据时,后续分析需要对数据进行 $\log(X+1)$ 转换,其代码如下。

```
1. # 对 var1 和 var2 进行 log(X+1)转换
2. env_data_transformed <- env_data
3.
4. # 使用 log(X+1)转换 var1 和 var2 列
5. env_data_transformed$var1 <- log(env_data$var1 + 1)
6. env_data_transformed$var2 <- log(env_data$var2 + 1)
```

处理地理数据时,需要计算样点与样点之间的欧式距离,其代码如下。

```
1. # 提取经度和纬度列
2. coords <- sample_points[, c("lon", "lat")]
3.
4. # 计算欧式距离矩阵
5. distance_matrix <- dist(coords)
```

5.2.3 数据分析

(1) 物种组成分析

```
1. library(ggplot2)
2. library(ggalluvial)# 绘制冲积图
3. p<- ggplot(data = spe_long,aes(x = site,y = density,alluvium= Taxon,stratum= Taxon))# Taxon 为各物种分类单元名
4. p1<- p
5. + geom_alluvium(aes(fill= Taxon),alpha= 0.5,width= 0.6)
6. + geom_stratum(aes(fill= Taxon),width= 0.6)
```

(2) 优势种与稀有种分析

```
1. # 相对丰度大于 10% 认为是优势种
2. spe_domin<- spe_ralative[apply(spe_ralative,1,mean)>0.1,]
3. # 相对丰度小于 5% 认为是稀有种
4. Sperare<- spe_ralative[apply(spe_ralative,1,mean)<0.05,]
```

(3) 生物多样性分析

```
1. # alpha 多样性计算
2. library(vegan)
3. S<- specnumber(spe)# 物种数
4. H<- diversity(spe,index= "shannon")# shannon 多样性指数
5. simp<- diversity(spe,index= "simpson")# simpson 多样性指数
6. invsimp<- diversity(spe,index= "inv")# invsimp= 1/D
7.
8. # beta 多样性计算
9. BC<- vedist(t(spe),method= "bray")
10. BC<- as.matrix(BC)
```

（4）多元分析

```
1. install.packages(c("vegan","ape","ade4"))
2. library(vegan)
3. library(ape)
4. library(ade4)
5. 
6. # 对物种矩阵进行 PCA
7. pca_spe <- rda(spe,scale= TRUE)
8. 
9. # 查看 PCA 结果摘要
10. summary(pca_spe)
11. 
12. # 绘制 PCA 图
13. plot(pca_spe,scaling= 2,main= "PCA for Species Matrix")
14. 
15. # 计算物种矩阵的距离矩阵（使用 Bray-Curtis 距离）
16. dist_spe <- vegdist(spe,method= "bray")
17. 
18. # 进行 PCOA
19. pcoa_spe <- pcoa(dist_spe)
20. 
21. # 查看 PCOA 结果摘要
22. summary(pcoa_spe)
23. 
24. # 绘制 PCOA 图
25. biplot(pcoa_spe,main= "PCOA for Species Matrix")
26. 
27. # 进行 NMDS 分析
28. nmds_spe <- metaNMDS(spe,distance= "bray",k= 2)
```

29.
30. # 查看 NMDS 结果摘要
31. summary(nmds_spe)
32.
33. # 绘制 NMDS 图
34. plot(nmds_spe,main= "NMDS for Species Matrix")
35.
36. # 进行 CCA
37. cca_result<- cca(spe~.,data= env)
38.
39. # 查看 CCA 结果摘要
40. summary(cca_result)
41.
42. # 绘制 CCA 图
43. plot(cca_result,main= "CCA for Species and Environmental Matrices")
44.
45. # 进行 RDA
46. rda_result<- rda(spe~.,data= env)
47.
48. # 查看 RDA 结果摘要
49. summary(rda_result)
50.
51. # 绘制 RDA 图
52. plot(rda_result,main= "RDA for Species and Environmental Matrices")

（5）相关性分析

```
1. library(dplyr)
2. library(ggplot2)
3. library(linkET)
4. mantel<- mantel_test(spe,env,
5. spec_select=list(Cyan=1:7,
6. Diat=8:18,
7. Chlo=19:37,
8.                                          Others=38:44))%>%
9. mutate(rd=cut(r,breaks=c(-Inf,0.2,0.4,Inf),
10.            labels=c("<0.2","0.2-0.4",">=0.4")),
11.       pd=cut(p,breaks=c(-Inf,0.01,0.05,Inf),
12.            labels=c("<0.01","0.01-0.05",">=0.05")))
13.
14.
15. Cor_plot<- qcorrplot(correlate(env),type="lower",diag=FALSE)+
16. geom_square()+
17. geom_couple(aes(colour=pd,size=rd),data=mantel,curvature=0.1)+
18. scale_fill_gradientn(colours=RColorBrewer::brewer.pal(11,"RdBu"))+
19. scale_size_manual(values=c(0.5,1,2))+
20. scale_colour_manual(values=color_pal(3))+
21. guides(size=guide_legend(title="Mantel's r",
22. override.aes=list(colour="grey35"),
23.                         order=2),
24. colour=guide_legend(title="Mantel's p",
25. override.aes=list(size=3),
26.                         order=1),
27.       fill=guide_colorbar(title="Pearson's r",order=3))
28. Cor_plot # 作图,群落与环境 mantel 相关分析示意图见图 5.2-2。
```

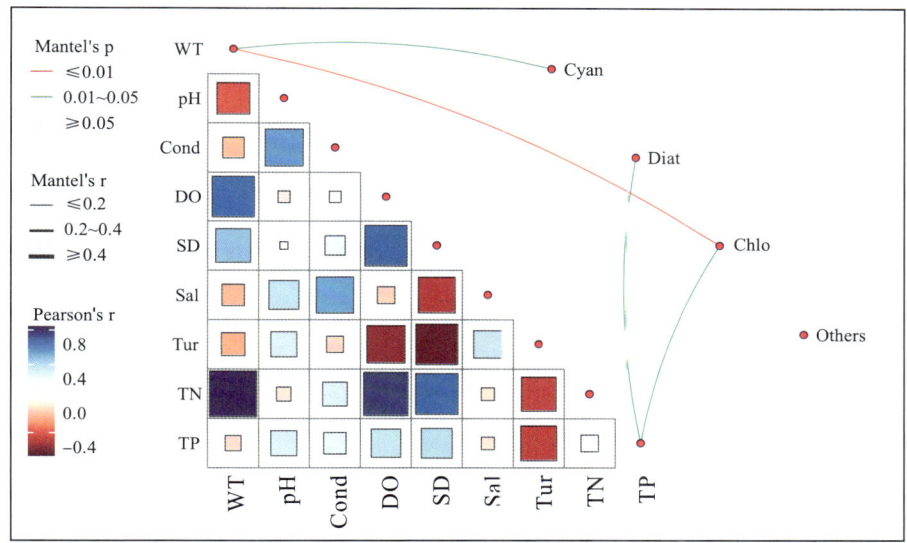

图 5.2-2　群落与环境 mantel 相关分析示意图

注：本章中所用到的包包括：ggplot2、tidyr、geosphere、reshape2、ggalluvial、vegan（https://cran.r-project.org/web/packages）、linkET（https://github.com/Hy4m/linkET）。

第6章　九江市城市湖泊水生态监测调查成果

6.1　调查范围及样点

调查范围为九江市内的八里湖、赛城湖、白水湖、芳兰湖、甘棠湖、南门湖和琵琶湖7个城市湖泊。根据代表性、完整性、可行性原则,八里湖设置8个断面,赛城湖设置4个断面,白水湖设置3个断面,芳兰湖、甘棠湖、南门湖和琵琶湖各设置1个断面(表6.1-1、图6.1-1),分别于2022年3月(春季)、2022年9月(秋季)、2023年3月(春季)和2023年9月(秋季)进行水质监测(甘棠湖、南门湖2023年9月未采集)和水生生物样品采样(甘棠湖、南门湖仅2023年3月采集1次),水质监测参照《水环境监测规范》(SL 219—2013)进行。

表 6.1-1　　　　　　　　九江市城市湖泊调查断面信息

湖泊	调查断面	断面编号	经纬度	
			经度	纬度
八里湖	八里湖1	BL1	115°56′27″	29°41′17″
	八里湖2	BL2	115°56′12″	29°42′02″
	八里湖3	BL3	115°55′17″	29°41′58″
	八里湖4	BL4	115°55′52″	29°41′21″
	八里湖5	BL5	115°55′43″	29°40′40″
	八里湖6	BL6	115°55′58″	29°40′03″
	八里湖7	BL7	115°55′36″	29°39′30″
	八里湖8	BL8	115°55′24″	29°39′02″

续表

湖泊	调查断面	断面编号	经纬度	
			经度	纬度
赛城湖	赛城湖1	SC1	115°49′39″	29°42′13″
	赛城湖2	SC2	115°51′28″	29°40′14″
	赛城湖3	SC3	115°53′07″	29°40′55″
	赛城湖4	SC4	115°54′11′	29°41′36″
白水湖	白水湖1	BS1	116°00′41′	29°44′28″
	白水湖2	BS2	116°00′50′	29°44′09″
	白水湖3	BS3	116°00′58″	29°43′46″
芳兰湖	芳兰湖	FL	116°04′58″	29°41′42″
甘棠湖	甘棠湖	GT	115°58′51′	29°43′16″
南门湖	南门湖	NM	116°02′29″	29°44′35″
琵琶湖	琵琶湖	PP	115°59′13″	29°43′05″

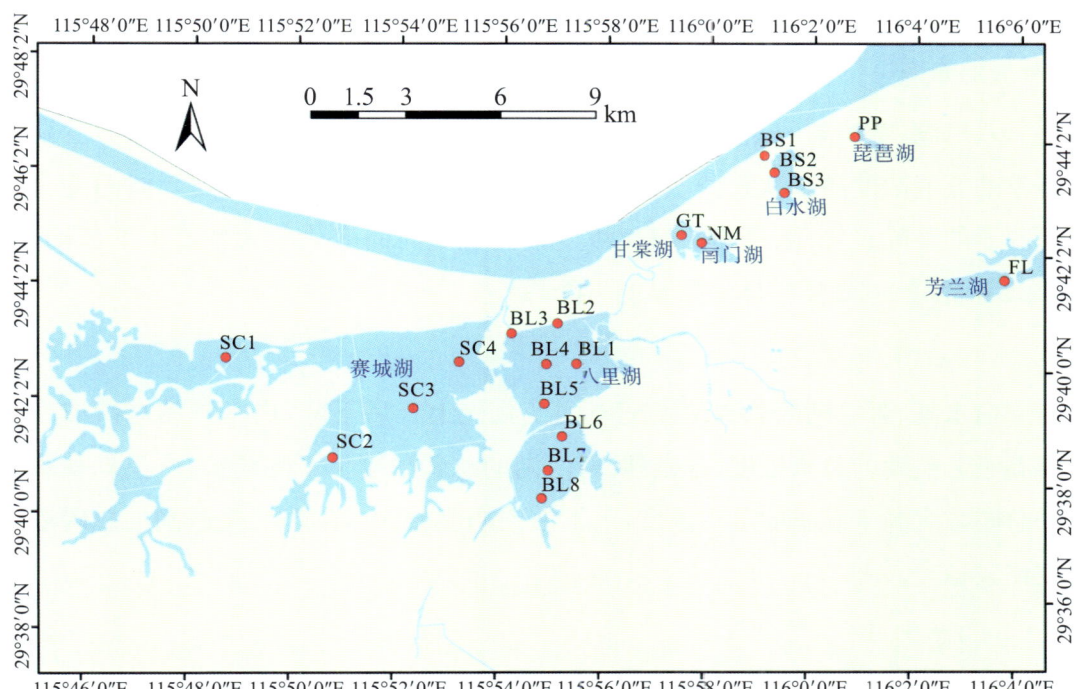

图 6.1-1　九江市城市湖泊水生态调查断面分布

(SC:赛城湖;BL:八里湖;GT:甘棠湖;BS:白水湖;FL:芳兰湖;NM:南门湖;PP:琵琶湖)

6.2 水质调查结果

6.2.1 水质监测结果

(1)溶解氧

除赛城湖外,其他湖泊均呈现明显季节性变化(春季＞秋季)。2023年溶解氧浓度高于2022年同期浓度。一般而言,水中溶解氧浓度升高代表水质状况向好。

(2)高锰酸盐指数

芳兰湖秋季的高锰酸盐指数高于春季的;甘棠湖、南门湖的高锰酸盐指数随时间变化呈明显的下降趋势,赛城湖、琵琶湖的高锰酸盐指数随时间变化下降后略有回升,八里湖、白水湖的高锰酸盐指数随时间变化上升后略有下降。

(3)氨氮

八里湖、赛城湖的氨氮浓度较低,随时间变化呈下降趋势;白水湖、芳兰湖春季的氨氮浓度高于秋季的氨氮浓度;甘棠湖、南门湖的氨氮浓度随时间变化呈明显的下降趋势;琵琶湖的氨氮浓度最高且随时间变化呈大幅度上下波动,2023年相较2022年整体呈明显的下降趋势。

(4)总磷

白水湖、芳兰湖的总磷浓度随时间变化先上升后下降,白水湖的总磷浓度略高于芳兰湖的总磷浓度;甘棠湖、南门湖的总磷浓度呈下降趋势;八里湖秋季的总磷浓度高于春季的总磷浓度,上下波动幅度较大;赛城湖、琵琶湖的总磷浓度比较稳定。

(5)总氮

八里湖、赛城湖的总氮浓度随时间呈上升趋势;白水湖、芳兰湖的总氮浓度随季节上下波动,春季的总氮浓度高于秋季的总氮浓度,且2023年芳兰湖的总氮浓度较2022年整体呈上升趋势;甘棠湖、南门湖的总氮浓度随时间变化呈下降趋势,其中甘棠湖变化幅度较小;琵琶湖的总氮浓度最高,且秋季高于春季,2023年相较2022年整体降幅较大。

(6)叶绿素 a

赛城湖、甘棠湖、南门湖的叶绿素 a 浓度均随时间变化呈下降趋势,其他湖泊的叶绿素 a 浓度随时间变化呈先降低后升高;八里湖、赛城湖、白水湖、南门湖、琵琶湖在 2022 年春季的叶绿素 a 浓度较高,分别为 64.88μg/L、35.73μg/L、128.9μg/L、42.26μg/L、187.09μg/L,表明水体中浮游植物生物量较大,存在水华暴发风险。2022 年秋季和 2023 年春季叶绿素 a 浓度均低于 10μg/L,水华暴发风险较低。

总体而言,九江城市湖泊的氨氮、叶绿素 a 浓度呈整体下降趋势,表明水质总体向好。八里湖、赛城湖总氮呈总体上升趋势,芳兰湖总氮年际呈整体上升趋势,需要密切监测变化趋势以便及时采取控制措施。九江城市湖泊水质监测结果范围见表 6.2-1。

表 6.2-1　　　　　　　九江城市湖泊水质监测结果范围

湖泊	溶解氧 /(mg/L)	高锰酸盐指数 /(mg/L)	氨氮 /(mg/L)	总磷 /(mg/L)	总氮 /(mg/L)	叶绿素 a /(μg/L)
八里湖	5.32~10.12	2.9~6.1	0.020~0.383	0.03~0.26	0.403~1.84	0.74~71.94
赛城湖	6.91~9.99	1.9~2.7	0.020~0.162	0.01~0.04	0.314~1.53	0.78~44.96
白水湖	3.63~10.00	3.7~5.6	0.020~1.578	0.06~0.15	1.12~3.54	2.88~138.02
芳兰湖	6.69~9.84	2.9~3.9	0.020~0.196	0.02~0.08	0.726~1.91	4.46~12.85
甘棠湖	6.13~8.08	2.0~5.5	0.077~0.690	0.02~0.17	1.12~1.29	1.01~13.36
南门湖	5.65~8.28	2.1~7.0	0.071~1.700	0.02~0.19	1.28~2.52	0.88~42.26
琵琶湖	4.78~9.59	4.2~6.8	0.289~4.880	0.06~0.08	4.15~7.61	6.71~187.09

6.2.2　富营养化监测结果

富营养化评价参照《地表水资源质量评价技术规程》(SL 395—2007),采用指数法对湖泊水体富营养化状况进行评价。评价指标为总磷、总氮、叶绿素 a、高锰酸盐指数、透明度,营养状态评价标准及分级方法见表 6.2-2,营养状态指数 EI 值计算公式见式(6-1):

$$EI = \sum_{n=1}^{N} E_n / N \qquad (6-1)$$

式中,EI——营养状态指数;

E_n——评价项目赋分值;

N——评价项目个数。

表 6.2-2　　　　　　　　　营养状态评价标准及分级方法

营养状态分级 EI=营养状态指数		评分项目赋分值 E_n	总磷 /(mg/L)	总氮 /(mg/L)	叶绿素 a /(mg/L)	高锰酸盐指数 /(mg/L)	透明度 /m
贫穷营养(0≤EI≤20)		10	0.001	0.02	0.0005	0.15	10
		20	0.004	0.05	0.001	0.4	5
中营养(20<EI≤50)		30	0.010	0.1	0.002	1	3
		40	0.025	0.3	0.004	2	1.5
		50	0.05	0.5	0.01	4	1
富营养	轻度富营养 (50<EI≤60)	60	0.1	1	0.026	8	0.5
	中度富营养 (60<EI≤80)	70	0.2	2	0.064	10	0.4
		80	0.6	6	0.16	25	0.3
	重度富营养 (80<EI≤100)	90	0.9	9	0.4	40	0.2
		100	1.3	16	1	60	0.12

由图 6.2-1 可知,2022 年、2023 年春季八里湖为轻度富营养状态,秋季均为中度富营养状态;赛城湖在监测期间主要呈中营养状态,个别样点为轻度富营养状态;白水湖 EI 值相对较高,除 2023 年春季为轻度富营养状态外,其他时间均呈中度富营养状态;芳兰湖始终处于轻度富营养状态;2022 年甘棠湖、南门湖为轻度或中度富营养状态,2023 年春季为中度富营养状态;2022 年琵琶湖为中度富营养状态,2023 年为轻度富营养状态。

总体而言,九江城市湖泊主要处于中度富营养至轻度富营养状态,2022 年白水湖、琵琶湖呈中度富营养状态。除在春、秋季 EI 值发生"轻度富营养—中度富营养"波动的八里湖、基本处于中营养状态的赛城湖、基本处于轻度富营养状态的芳兰湖外,其他湖泊 EI 值均呈下降趋势,表明其富营养化状况正趋于好转。

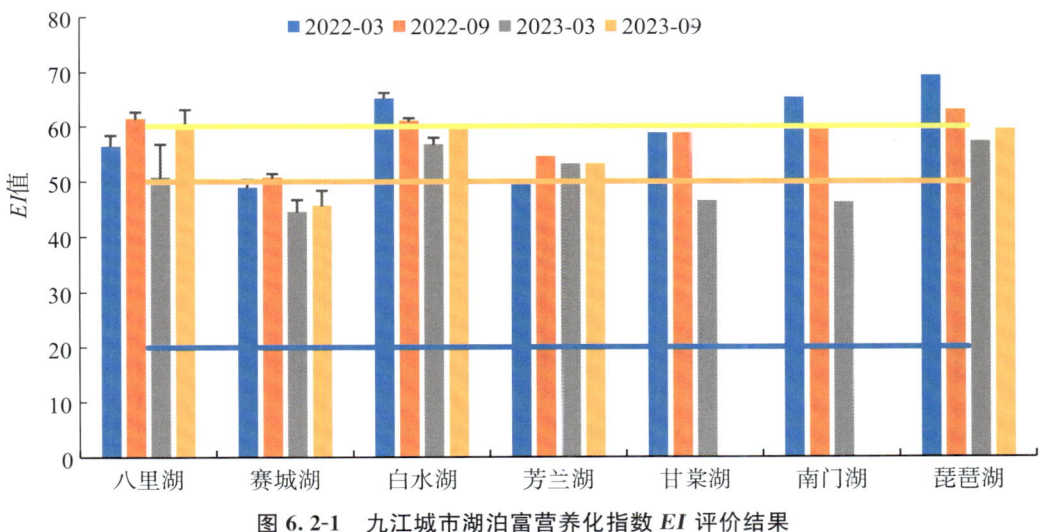

图 6.2-1 九江城市湖泊富营养化指数 EI 评价结果

6.3 水生生物调查结果

6.3.1 总体结果

(1) 浮游植物

九江市 7 个城市湖泊 4 次调查共检出浮游植物 8 门 12 纲 26 目 45 科 104 属 242 种,其中绿藻门 100 种,蓝藻门 58 种,硅藻门 49 种,裸藻门 15 种,甲藻门 8 种,隐藻门 6 种,金藻门 5 种,黄藻门 1 种。各监测断面浮游植物群落组成均以绿藻门、蓝藻门、硅藻门、隐藻门种类为主要类群。

九江市城市湖泊各断面浮游植物种类数季节变化情况见图 6.3-1,2022 年 5 月各断面中检出的浮游植物种类数共 105 种,2022 年 9 月共 91 种,2023 年 3 月共 97 种,2023 年 9 月共 113 种。2023 年 9 月八里湖 7 号断面浮游植物种类数最多,为 41 种;2023 年 3 月八里湖 8 号断面浮游植物种类数最少,仅为 9 种。

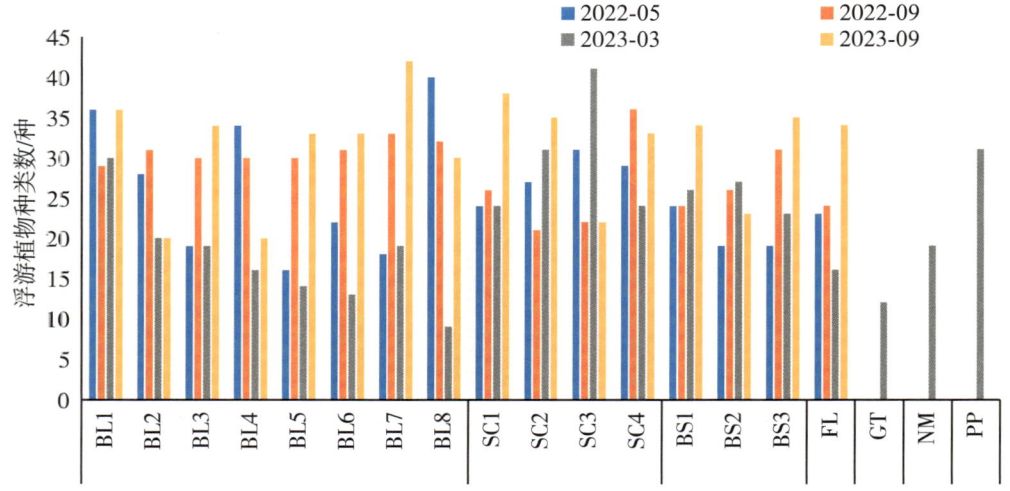

图 6.3-1　九江市城市湖泊浮游植物种类数季节变化

4 次调查浮游植物平均密度为 $5.90×10^7$ cells/L。其中，2022 年 5 月浮游植物平均密度为 $5.33×10^7$ cells/L，密度最高值出现在八里湖 8 号断面，为 $1.70×10^8$ cells/L，最低值出现在赛城湖 2 号断面，为 $2.28×10^6$ cells/L；2022 年 9 月浮游植物平均密度为 $1.44×10^8$ cells/L，密度最高值出现在八里湖 5 号断面，为 $3.49×10^8$ cells/L，最低值出现在芳兰湖断面，为 $1.40×10^7$ cells/L；2023 年 3 月浮游植物平均密度为 $1.22×10^7$ cells/L，密度最高值出现在白水湖 3 号断面，为 $5.14×10^7$ cells/L，最低值出现在八里湖 5 号断面，为 $7.88×10^5$ cells/L；2023 年 9 月浮游植物平均密度为 $3.52×10^7$ cells/L，密度最高值出现在八里湖 5 号断面，为 $8.33×10^7$ cells/L，最低值出现在赛城湖 3 号断面，为 $3.11×10^6$ cells/L。4 次调查发现绝大部分断面浮游植物密度表现为：2022 年 9 月＞2022 年 5 月＞2023 年 9 月＞2023 年 3 月。

浮游植物密度随时间变化差异显著，表现为 2022 年 5 月和 9 月及 2023 年 9 月主要类群为蓝藻门，2023 年 3 月主要类群为隐藻门、硅藻门、绿藻门、蓝藻门。

4 次调查浮游植物平均生物量为 9.34mg/L。其中，2022 年 5 月浮游植物平均生物量为 5.05mg/L，生物量最高值出现在八里湖 8 号断面，为 10.67mg/L，最低值出现在赛城湖 2 号断面，为 0.45mg/L；2022 年 9 月浮游植物平均生物量为 18.27mg/L，生物量最高值出现在八里湖 6 号断面，为 48.09mg/L，最低值出现在芳兰湖断面，为 1.65mg/L；2023 年 3 月浮游植物平均生物量为 3.80mg/L，生物量最高值出现在琵琶湖断面，为 15.67mg/L，最低值出现在八里湖 8 号断面，为

0.11mg/L；2023年9月浮游植物平均生物量为11.26mg/L，生物量最高值出现在白水湖3号断面，为25.93mg/L，最低值出现在赛城湖3号断面，为3.09mg/L。整体来看，九江市城市湖泊浮游植物生物量表现为：2022年9月＞2023年9月＞2022年5月＞2023年3月。

九江市城市湖泊浮游植物生物量随时间变化差异显著，2022年5月主要类群为蓝藻门、硅藻门和绿藻门；2022年9月主要类群为蓝藻门；2023年3月主要类群为隐藻门、硅藻门和绿藻门；2023年9月主要类群为硅藻门、蓝藻门。

（2）浮游动物

九江市7个城市湖泊4次调查共检出浮游动物150种，其中原生动物54种，轮虫54种，枝角类26种，桡足类16种。

九江市城市湖泊各断面浮游动物种类数的季节变化见图6.3-2，2022年5月各断面检测出浮游动物种类数共96种，2022年9月共61种，2023年3月共69种，2023年9月共71种。2022年5月赛城湖2号断面浮游动物种类数最多，为38种；2022年9月芳兰湖断面浮游动物种类数最少，为11种。

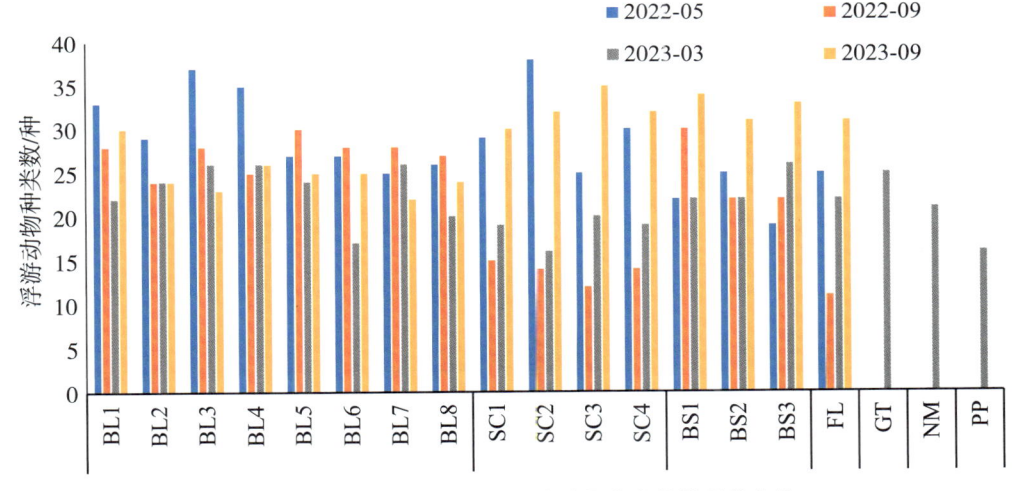

图6.3-2　九江市城市湖泊浮游动物种类数的季节变化

4次调查浮游动物平均密度为34415.62个/L，各样点浮游动物密度分布见图6.3-3。2022年5月浮游动物平均密度为68216.29个/L，2022年9月浮游动物平均密度为24076.66个/L，2023年3月浮游动物平均密度为32233.23个/L，2023年9月浮游动物平均密度为13545.49个/L。

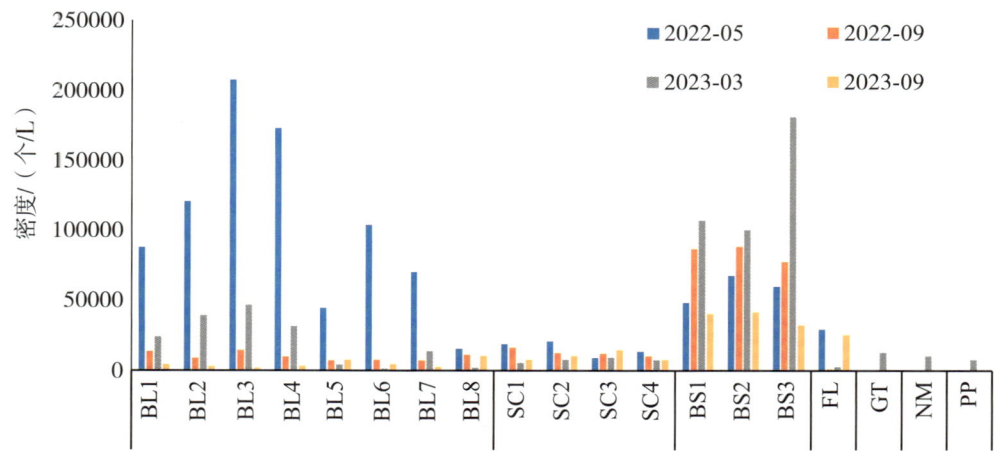

图 6.3-3　九江市城市湖泊浮游动物密度季节分布

4 次调查浮游动物平均生物量为 4895.93μg/L，各样点浮游动物生物量季节分布见图 6.3-4。2022 年 5 月浮游动物平均生物量为 8981.81μg/L；2022 年 9 月浮游动物平均生物量为 1786.80μg/L；2023 年 3 月浮游动物平均生物量为 6247.06μg/L，2023 年 9 月浮游动物平均生物量为 2314.70μg/L。

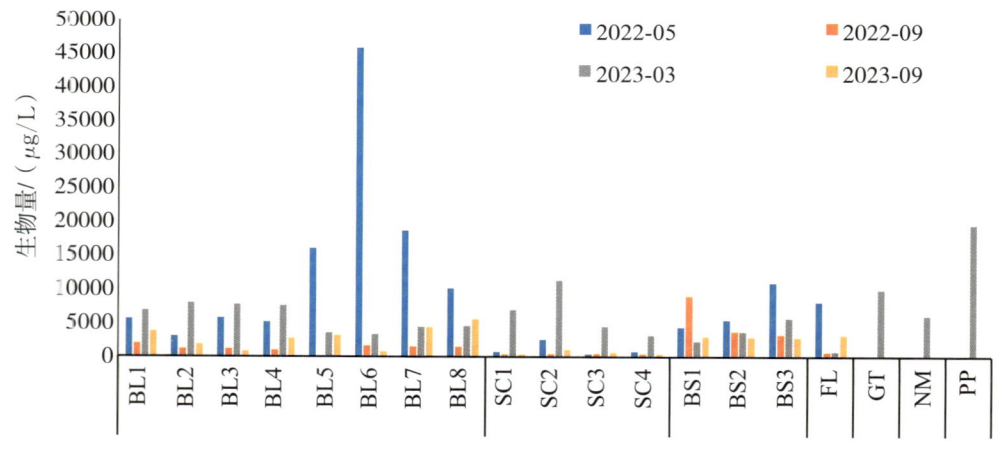

图 6.3-4　九江市城市湖泊浮游动物生物量季节分布

6.3.2　八里湖

（1）浮游植物

八里湖 4 次调查共检出浮游植物 7 门 10 纲 23 目 41 科 87 属 180 种，其中绿藻门 76 种，占总物种数的 42.22%；蓝藻门 47 种，占总物种数的 26.11%；硅藻门32种，占总物种数的17.78%；裸藻门11种，占总物种数的6.11%；甲藻门5种，占总物种数的2.78%；隐藻门5种，占总物种数的2.78%；金藻门4种，占总物种数的2.22%（图6.3-5）。其中，2023年9月八里湖7号断面浮游植物种类数最多，为41种，2023年3月八里湖8号断面浮游植物种类数最少，仅为9种。各监测断面浮游植物群落组成均以绿藻门、蓝藻门、硅藻门为主要类群。

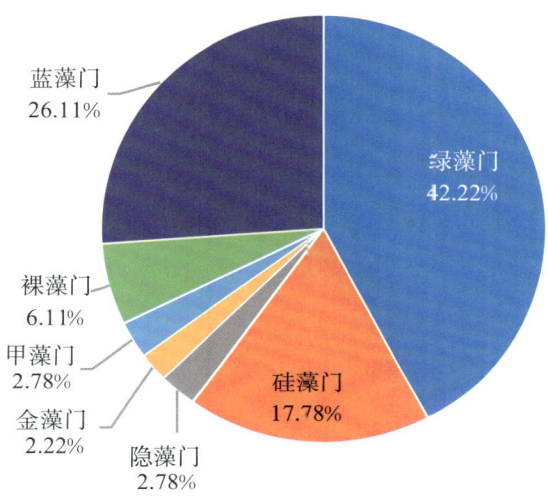

图6.3-5　八里湖浮游植物种类组成

八里湖各监测断面浮游植物平均密度为9.54×10^7 cells/L。其中，2022年5月浮游植物平均密度为7.90×10^7 cells/L，密度最高值出现在八里湖8号断面，为1.70×10^8 cells/L，最低值出现在八里湖3号断面，为5.31×10^6 cells/L；2022年9月浮游植物平均密度为2.42×10^8 cells/L，密度最高值出现在八里湖5号断面，为3.49×10^8 cells/L，最低值出现在八里湖3号断面，为1.49×10^8 cells/L；2023年3月浮游植物平均密度为6.26×10^6 cells/L，密度最高值出现在八里湖3号断面，为1.17×10^7 cells/L，最低值出现在八里湖5号断面，为7.88×10^5 cells/L；2023年9月浮游植物平均密度为5.43×10^7 cells/L，密度最高值出现在八里湖5号断面，为8.33×10^7 cells/L，最低值出现在八里湖2号断面，为1.78×10^7 cells/L。由此可见，2022年9月浮游植物密度显著高于2022年5月、2023年3月和2023年9月，为水华暴发的高风险时期。4次调查发现绝大部分断面浮游植物密度表现为：2022年9月＞2022年5月＞2023年9月＞2023年3月。

八里湖浮游植物密度随时间变化差异显著，表现2022年5月、2022年9月和2023年9月主要类群为蓝藻门，2023年3月主要类群为隐藻门、硅藻门、蓝藻门。

八里湖各监测断面浮游植物平均生物量为 12.78mg/L。其中,2022 年 5 月浮游植物平均生物量为 5.72mg/L,生物量最高值出现在八里湖 8 号断面,为 10.67mg/L,最低值出现在八里湖 3 号断面,为 0.48mg/L;2022 年 9 月浮游植物平均生物量为 31.51mg/L,生物量最高值出现在八里湖 6 号断面,为 48.09mg/L,最低值出现在八里湖 3 号断面,为 16.01mg/L;2023 年 3 月浮游植物平均生物量为 2.73mg/L,生物量最高值出现在八里湖 4 号断面,为 6.86mg/L,最低值出现在八里湖 8 号断面,为 0.11mg/L;2023 年 9 月浮游植物平均生物量为 11.14mg/L,生物量最高值出现在八里湖 5 号断面,为 14.14mg/L,生物量最低值出现在八里湖 2 号断面,为 5.19mg/L。整体来看,八里湖浮游植物生物量表现为 2022 年 9 月＞2023 年 9 月＞2022 年 5 月＞2023 年 3 月,2022 年 9 月暴发水华的风险较高。

八里湖浮游植物生物量随时间变化差异显著,2022 年 5 月和 2023 年 9 月主要类群为蓝藻门、硅藻门;2022 年 9 月主要类群是蓝藻门;2023 年 3 月主要类群为隐藻门。

（2）浮游动物

4 次调查中,八里湖共检出浮游动物 107 种,其中原生动物 37 种,轮虫 42 种,枝角类 15 种,桡足类 13 种(图 6.3-6)。各样点中检出的浮游动物种类数为 17～37 种,平均为 26 种。

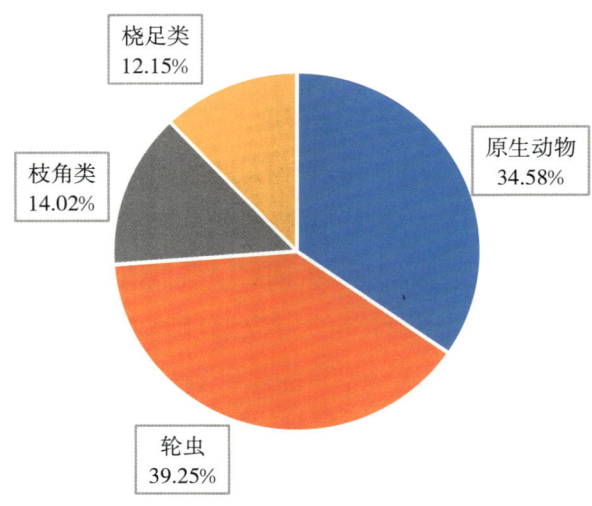

图 6.3-6 八里湖浮游动物群落结构

八里湖浮游动物种类数时空分布见图 6.3-7,2022 年 5 月浮游动物种类数量为 25~37 种,平均值为 30 种;2022 年 9 月浮游动物种类数量为 24~30 种,平均值为 27 种;2023 年 3 月浮游动物种类数量为 17~26 种,平均值为 23 种;2023 年 9 月浮游动物种类数量为 22~30 种,平均值为 25 种。

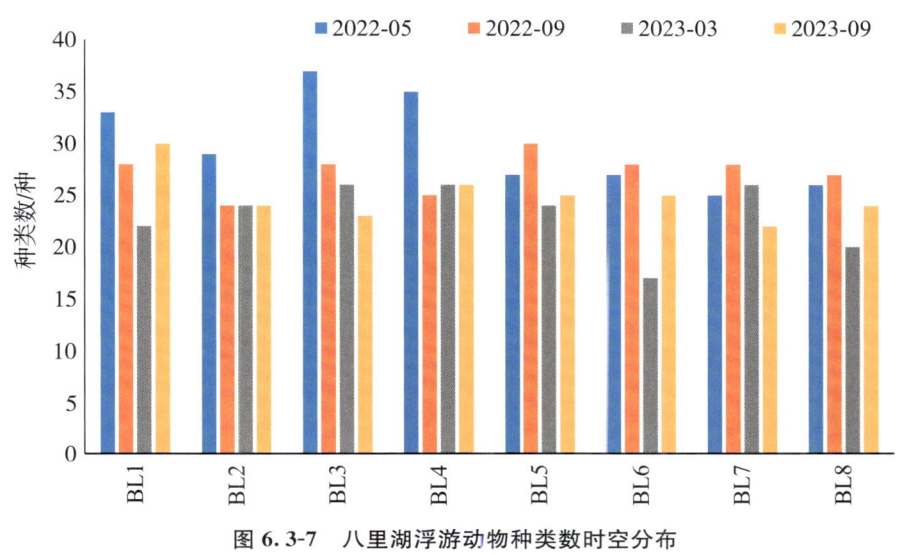

图 6.3-7　八里湖浮游动物种类数时空分布

八里湖 4 次调查各样点浮游动物的平均密度为 34544.47 个/L,其中原生动物占总密度的 90.19%,轮虫占总密度的 9.65%,枝角类占总密度的 0.03%,桡足类占总密度的 0.13%。

八里湖 4 次调查各样点浮游动物的平均生物量为 5908.04μg/L,其中原生动物占总生物量的 9.29%,轮虫占总生物量的 59.41%,枝角类占总生物量的 10.00%,桡足类占总生物量的 22.30%。

6.3.3　赛城湖

(1) 浮游植物

赛城湖 4 次调查共检出浮游植物 8 门 11 纲 21 目 40 科 77 属 155 种,其中绿藻门 69 种,占总物种数的 44.52%;蓝藻门 35 种,占总物种数的 22.58%;硅藻门 29 种,占总物种数的 18.71%;甲藻门 7 种,占总物种数的 4.52%;裸藻门 6 种,占总物种数的 3.87%;隐藻门 5 种,占总物种数的 3.23%;金藻门 3 种,占总物种数的 1.94%;黄藻门 1 种,占总物种数的 0.65%(图 6.3-8)。其中,2023

年3月赛城湖3号断面浮游植物种类数最多,为38种,2022年9月赛城湖2号断面浮游植物种类数最少,为21种。各监测断面浮游植物群落组成均以蓝藻门、硅藻门、绿藻门为主要类群。

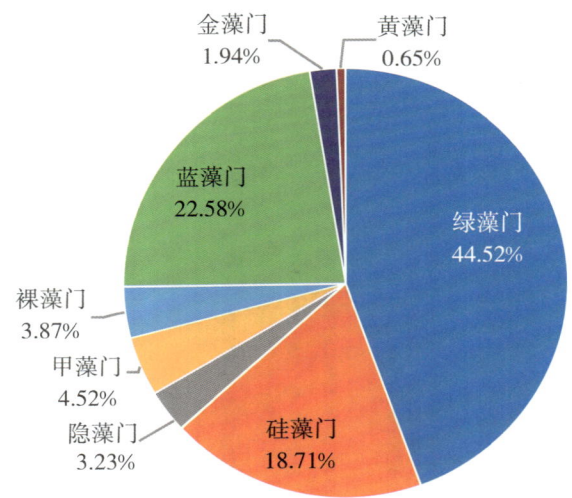

图6.3-8 赛城湖浮游植物种类组成

赛城湖各监测断面浮游植物平均密度为$2.17×10^7$ cells/L。其中,2022年5月浮游植物平均密度为$2.95×10^7$ cells/L,密度最高值出现在赛城湖4号断面,为$5.62×10^7$ cells/L,最低值出现在赛城湖2号断面,为$2.28×10^6$ cells/L;2022年9月浮游植物平均密度为$4.47×10^7$ cells/L,密度最高值出现在赛城湖1号断面,为$5.63×10^7$ cells/L,最低值出现在赛城湖4号断面,为$3.35×10^7$ cells/L;2023年3月浮游植物平均密度为$7.90×10^6$ cells/L,密度最高值出现在赛城湖2号断面,为$1.04×10^7$ cells/L,最低值出现在赛城湖4号断面,为$5.95×10^6$ cells/L;2023年9月浮游植物平均密度为$4.76×10^6$ cells/L,密度最高值出现在赛城湖1号断面,为$8.40×10^6$ cells/L,最低值出现在赛城湖3号断面,为$3.11×10^6$ cells/L。由此可见,2022年9月和2022年5月浮游植物密度明显高于2023年3月和2023年9月,为水华暴发的高风险时期。4次调查发现绝大部分断面浮游植物密度表现为:2022年9月>2022年5月>2023年3月>2023年9月。

赛城湖浮游植物密度随时间变化差异显著,表现为2022年5月主要类群为蓝藻门、硅藻门,2022年9月主要类群为蓝藻门,2023年3月主要类群为硅藻门、隐藻门、蓝藻门,2023年9月主要类群为蓝藻门、硅藻门、绿藻门。

赛城湖各监测断面浮游植物平均生物量为 4.39mg/L。其中,2022 年 5 月浮游植物平均生物量为 5.35mg/L,生物量最高值出现在赛城湖 4 号断面,为 9.56mg/L,最低值出现在赛城湖 2 号断面,为 0.45mg/L。2022 年 9 月浮游植物平均生物量为 5.75mg/L,生物量最高值出现在赛城湖 1 号断面,为 8.09mg/L,最低值出现在赛城湖 4 号断面,为 3.54mg/L;2023 年 3 月浮游植物平均生物量为 1.29mg/L,生物量最高值出现在赛城湖 2 号断面,为 1.45mg/L,最低值出现在赛城湖 3 号断面,为 1.08mg/L;2023 年 9 月浮游植物平均生物量为 5.16mg/L,生物量最高值出现在赛城湖 1 号断面,为 10.78mg/L,最低值出现在赛城湖 3 号断面,为 3.09mg/L。整体来看,赛城湖浮游植物生物量表现为:2022 年 9 月＞2023 年 9 月＞2022 年 5 月＞2023 年 3 月,2022 年 9 月暴发水华的风险较高。

赛城湖浮游植物生物量随时间变化差异显著,2022 年 5 月主要类群为蓝藻门、绿藻门;2022 年 9 月主要类群为裸藻门、蓝藻门;2023 年 3 月主要类群为硅藻门、隐藻门;2023 年 9 月主要类群为硅藻门、绿藻门。

(2)浮游动物

4 次调查中,赛城湖共检出浮游动物 94 种,其中原生动物 38 种,占总种类数的 40.43%;轮虫 34 种,占总种类数的 36.17%;枝角类 15 种,占总种类数的 15.96%;桡足类 7 种,占总种类数的 7.45%(图 6.3-9)。各样点中检出的浮游动物种类数为 12～38 种,平均为 24 种。

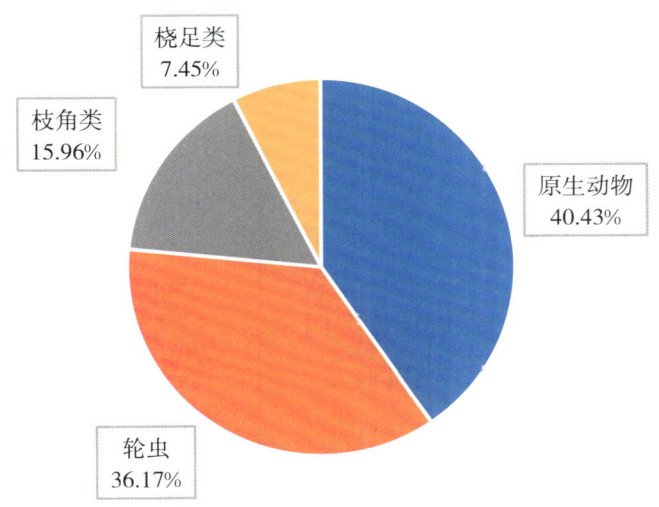

图 6.3-9　赛城湖浮游动物群落结构

赛城湖浮游动物种类数时空分布见图 6.3-10,2022 年 5 月浮游动物种类数量为 25~38 种,平均值为 31 种;2022 年 9 月浮游动物种类数量为 12~15 种,平均值为 14 种;2023 年 3 月浮游动物种类数量为 16~20 种,平均值为 19 种;2023 年 9 月浮游动物种类数量为 30~35 种,平均值为 32 种。

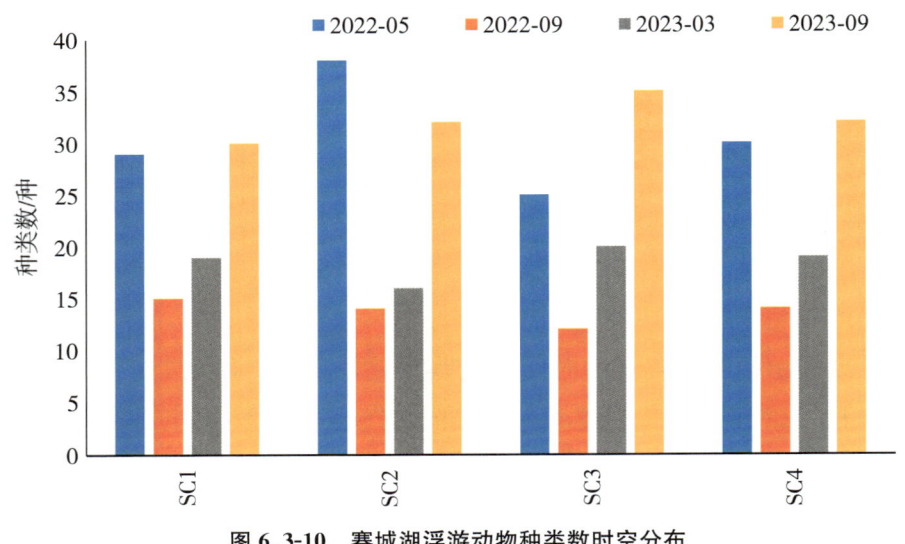

图 6.3-10　赛城湖浮游动物种类数时空分布

赛城湖 4 次调查各样点浮游动物的平均密度为 11508.53 个/L,其中原生动物占总密度的 91.62%,轮虫占总密度的 8.18%,枝角类占总密度的 0.10%,桡足类占总密度的 0.09%。

赛城湖 4 次调查各样点浮游动物的平均生物量为 2163.59μg/L,其中原生动物占总生物量的 9.72%,轮虫占总生物量的 11.19%,枝角类占总生物量的 42.41%,桡足类占总生物量的 36.68%。

6.3.4　白水湖

(1)浮游植物

白水湖 4 次调查共检出浮游植物 7 门 9 纲 21 目 35 科 62 属 111 种,其中绿藻门 54 种,占总物种数的 48.65%;蓝藻门 21 种,占总物种数的 18.92%;硅藻门 18 种,占总物种数的 16.22%;裸藻门 9 种,占总物种数的 8.11%;隐藻门 5 种,占总物种数的 4.50%;甲藻门 3 种,占总物种数的 2.70%;金藻门 1 种,占总物种数的 0.90%(图 6.3-11)。其中,2023 年 9 月白水湖 3 号断面浮游植物种类数最多,为35种,2022年5月白水湖2号和白水湖3号断面浮游植物种类数最少,为19种。各监测断面浮游植物群落组成均以蓝藻门、硅藻门、绿藻门为主要类群。

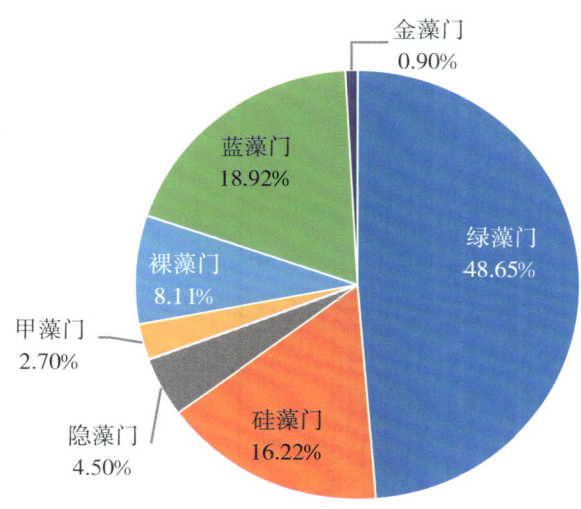

图 6.3-11　白水湖浮游植物种类组成

白水湖各监测断面浮游植物平均密度为 $3.87×10^7$ cells/L。其中,2022 年 5 月浮游植物平均密度为 $3.28×10^7$ cells/L,密度最高值出现在白水湖 1 号断面,为 $6.23×10^7$ cells/L;最低值出现在白水湖 2 号断面,为 $1.53×10^7$ cells/L;2022 年 9 月浮游植物平均密度为 $5.78×10^7$ cells/L,密度最高值出现在白水湖 3 号断面,为 $1.11×10^8$ cells/L,最低值出现在白水湖 2 号断面,为 $2.86×10^7$ cells/L;2023 年 3 月浮游植物平均密度为 $3.09×10^7$ cells/L,密度最高值出现在白水湖 3 号断面,为 $5.14×10^7$ cells/L,最低值出现在白水湖 2 号断面,为 $1.97×10^7$ cells/L;2023 年 9 月浮游植物平均密度为 $3.32×10^7$ cells/L,密度最高值出现在白水湖 3 号断面,为 $4.54×10^7$ cells/L,最低值出现在白水湖 2 号断面,为 $8.86×10^6$ cells/L。由此可见,各月浮游植物平均密度相差不大。

白水湖浮游植物密度随时间变化差异显著,2022 年 5 月主要类群为蓝藻门、硅藻门。2022 年 9 月主要类群为蓝藻门、绿藻门;2023 年 3 月主要类群为绿藻门、隐藻门、蓝藻门、硅藻门;2023 年 9 月主要类群为蓝藻门、绿藻门、硅藻门。

白水湖各监测断面浮游植物平均生物量为 9.46mg/L。其中,2022 年 5 月浮游植物平均生物量为 3.64mg/L,生物量最高值出现在白水湖 1 号断面,为 5.83mg/L,最低值出现在白水湖 2 号断面,为 2.48mg/L;2022 年 9 月浮游植物平均生物量为 5.21mg/L,生物量最高值出现在白水湖 3 号断面,为 9.79mg/L,最低值出现在白水湖 2 号断面,为 2.32mg/L;2023 年 3 月浮游植物平均生物量为 7.19mg/L,生物量最高值出现在白水湖 3 号断面,为 14.97mg/L,最低值出现在白水湖 1 号断面,为 2.84mg/L;2023 年 9 月浮游植物平均生物量为 21.81mg/L,生物量最高值出现在白水湖 3 号断面,为 25.93mg/L,最低值出现在白水湖 2 号断面,为 16.61mg/L。整体来看,白水湖浮游植物生物量表现为:2023 年 9 月＞2023 年 3 月＞2022 年 9 月＞2022 年 5 月。

白水湖浮游植物生物量随时间变化差异显著,2022 年 5 月主要类群为硅藻门、蓝藻门、裸藻门、绿藻门;2022 年 9 月主要类群是蓝藻门、绿藻门、硅藻门;2023 年 3 月主要类群为隐藻门、绿藻门、硅藻门;2023 年 9 月主要类群是硅藻门、隐藻门。

(2)浮游动物

4 次调查中,白水湖共检出浮游动物 80 种,其中原生动物 34 种,占总种类数的 42.50%;轮虫 26 种,占总种类数的 32.50%;枝角类 11 种,占总种类数的 13.75%;桡足类 9 种,占总种类数的 11.25%(图 6.3-12)。各样点中检出的浮游动物种类数为 19～34 种,平均为 26 种。

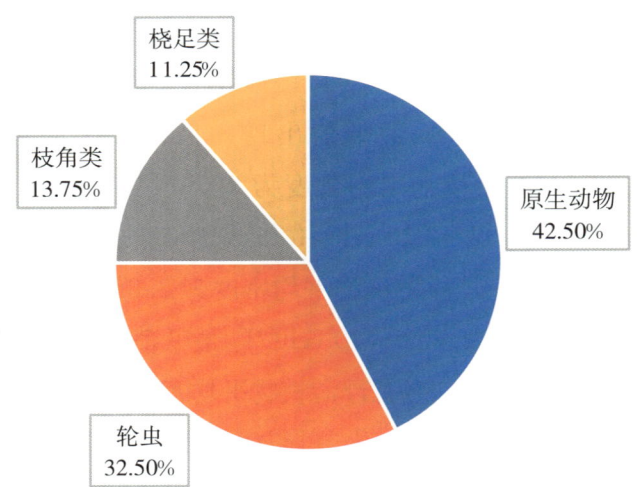

图 6.3-12 白水湖浮游动物群落结构

白水湖浮游动物种类数时空分布见图 6.3-13,2022 年 5 月浮游动物种类数量为 19～25 种,平均值为 22 种;2022 年 9 月浮游动物数量为 22～30 种,平均值为 25 种;2023 年 3 月浮游动物数量为 22～26 种,平均值为 23 种;2023 年 9

月浮游动物数量为 31～34 种,平均值为 33 种。

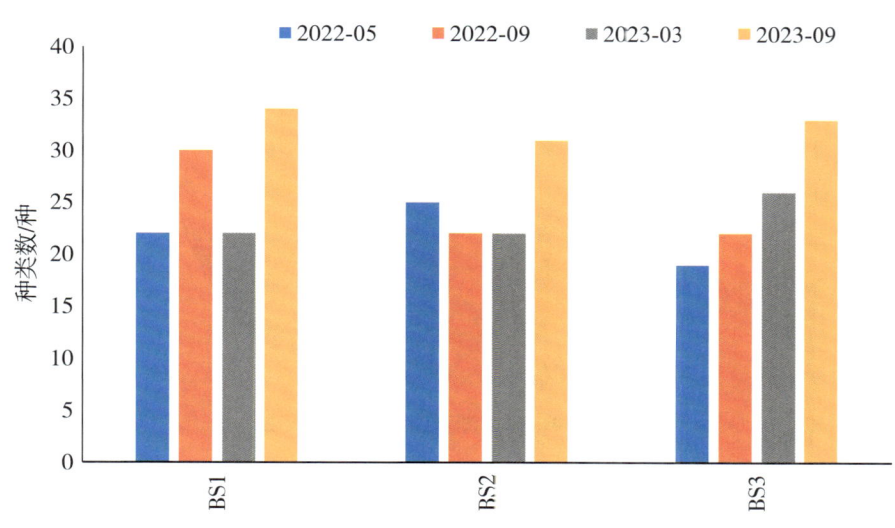

图 6.3-13　白水湖浮游动物种类数时空分布

白水湖 4 次调查各样点浮游动物的平均密度为 77275.00 个/L,其中原生动物占总密度的 91.556%,轮虫占总密度的 8.433%,枝角类占总密度的 0.004%,桡足类占总密度的 0.006%。

白水湖 4 次调查各样点浮游动物的平均生物量为 4720.80μg/L,其中原生动物占总生物量的 25.06%,轮虫占总生物量的 69.32%,枝角类占总生物量的 2.72%,桡足类占总生物量的 2.91%。

6.3.5　芳兰湖

(1)浮游植物

芳兰湖 4 次调查共检出浮游植物 6 门 8 纲 16 目 29 科 50 属 80 种,其中绿藻门 35 种,占总物种数的 43.75%;硅藻门 19 种,占总物种数的 23.75%;蓝藻门 16 种,占总物种数的 20.00%;裸藻门 5 种,占总物种数的 6.25%;隐藻门 4 种,占总物种数的 5.00%;甲藻门 1 种,占总物种数的 1.25%(图 6.3-14)。其中,2023 年 9 月浮游植物种类数最多,为 33 种,2023 年 3 月浮游植物种类数最少,为 16 种。各监测断面浮游植物群落组成均以蓝藻门、隐藻门、绿藻门为主要类群。

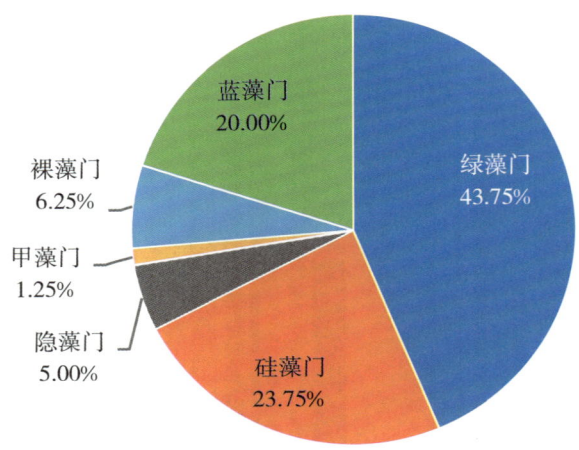

图 6.3-14 芳兰湖浮游植物种类组成

芳兰湖各监测断面浮游植物平均密度为 $1.37×10^7$ cells/L。其中，2022 年 5 月浮游植物密度为 $4.62×10^6$ cells/L，2022 年 9 月浮游植物密度为 $1.40×10^7$ cells/L，2023 年 3 月浮游植物密度为 $2.58×10^7$ cells/L，2023 年 9 月浮游植物密度为 $1.05×10^7$ cells/L。由此可见，2022 年 9 月、2023 年 3 月和 2023 年 9 月浮游植物密度明显高于 2022 年 5 月，为水华暴发的高风险时期。

芳兰湖浮游植物密度随时间变化差异显著，2022 年 5 月主要类群为蓝藻门、隐藻门、绿藻门、硅藻门；2022 年 9 月主要类群是蓝藻门；2023 年 3 月主要类群为隐藻门、绿藻门；2023 年 9 月主要类群为蓝藻门、绿藻门。

芳兰湖各监测断面浮游植物平均生物量为 3.48mg/L。其中，2022 年 5 月浮游植物生物量为 2.78mg/L，2022 年 9 月浮游植物生物量为 1.65mg/L，2023 年 3 月浮游植物生物量为 4.55mg/L，2023 年 9 月浮游植物生物量为 4.94mg/L。

芳兰湖浮游植物生物量随时间变化差异显著，2022 年 5 月主要类群为隐藻门、硅藻门、绿藻门；2022 年 9 月主要类群是蓝藻门、硅藻门、绿藻门；2023 年 3 月主要类群为隐藻门、绿藻门；2023 年 9 月主要类群是硅藻门、蓝藻门、绿藻门。

（2）浮游动物

4 次调查中，芳兰湖共检出浮游动物 65 种，其中原生动物 18 种，占总种类数的 27.69%；轮虫 24 种，占总种类数的 36.92%；枝角类 11 种，占总种类数的 16.92%；桡足类 12 种，占总种类数的 18.46%（图 6.3-15）。

第 6 章 九江市城市湖泊水生态监测调查成果

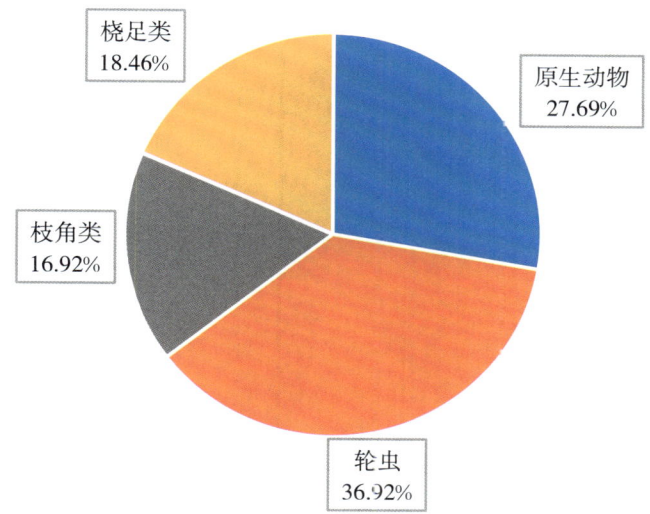

图 6.3-15 芳兰湖浮游动物群落结构

芳兰湖 4 次调查浮游动物物种数量的平均值为 22 种，2022 年 5 月浮游动物物种数量为 25 种；2022 年 9 月浮游动物物种数量为 11 种；2023 年 3 月浮游动物物种数量为 19 种；2023 年 9 月浮游动物物种数量为 31 种。

芳兰湖 4 次调查浮游动物的平均密度为 14564.28 个/L，其中原生动物占总密度的 88.40%，轮虫占总密度的 11.24%，枝角类占总密度的 0.01%，桡足类占总密度的 0.34%。

芳兰湖 4 次调查浮游动物的平均生物量为 3142.04μg/L，其中原生动物占总生物量的 5.33%，轮虫占总生物量的 23.39%，枝角类占总生物量的 2.55%，桡足类占总生物量的 68.72%。

6.3.6 甘棠湖

(1) 浮游植物

甘棠湖调查共检出浮游植物 6 门 8 纲 9 目 10 科 11 属 13 种，其中绿藻门、硅藻门各 3 种，各占总物种数的 23.08%；金藻门、蓝藻门和隐藻门各 2 种，各占总物种数 15.38%；甲藻门 1 种，占总物种数的 7.69%（图 6.3-16）。

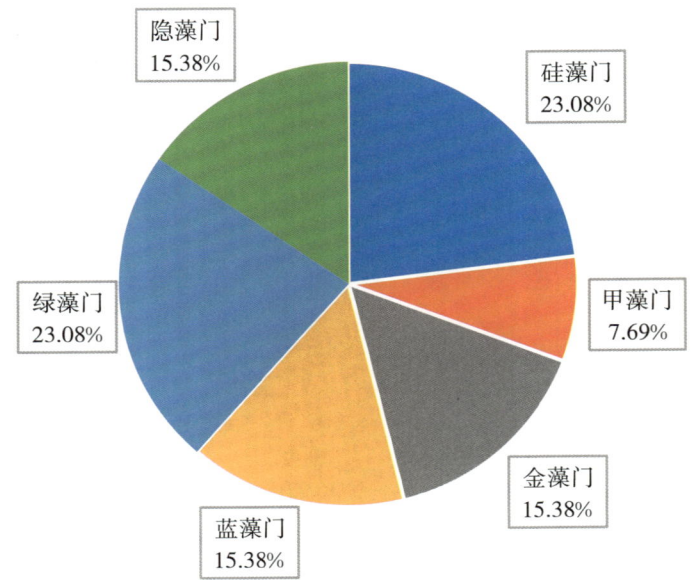

图 6.3-16　甘棠湖浮游植物种类组成

甘棠湖浮游植物密度为 $1.68×10^6$ cells/L，其中隐藻门占总密度的 48.33%、蓝藻门占总密度的 20.22%、硅藻门占总密度的 18.33%、绿藻门占总密度的 11.67%、金藻门占总密度的 1.67%。由此可见，甘棠湖浮游植物密度主要类群为隐藻门、蓝藻门、硅藻门、绿藻门。

甘棠湖浮游植物生物量为 1.13mg/L，其中隐藻门占总生物量的 92.17%、硅藻门占总生物量的 2.98%、金藻门占总生物量的 1.74%、绿藻门占总生物量的 1.61%、蓝藻门占总生物量的 1.49%。由此可见，甘棠湖浮游植物生物量主要类群为隐藻门。

（2）浮游动物

甘棠湖 2023 年 3 月调查共检出浮游动物 25 种，其中原生动物 6 种，占总种类数的 24.00%；轮虫 6 种，占总种类数的 24.00%；枝角类 5 种，占总种类数的 20.00%；桡足类 8 种，占总种类数的 32.00%（图 6.3-17）。

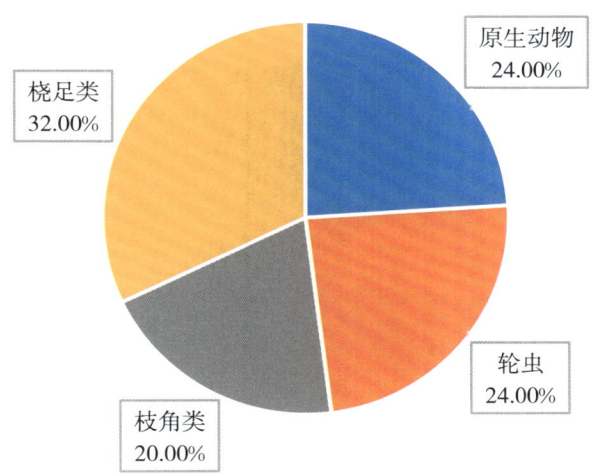

图 6.3-17 甘棠湖浮游动物群落结构

甘棠湖 2023 年 3 月调查浮游动物密度为 12763.33 个/L,其中原生动物占总密度的 97.94%,轮虫占总密度的 0.65%,枝角类与总密度的 0.15%,桡足类占总密度的 1.26%。

甘棠湖 2023 年 3 月调查浮游动物的平均生物量为 9833.14μg/L,其中原生动物占总生物量的 1.65%,轮虫占总生物量的 0.05%,枝角类占总生物量的 10.30%,桡足类占总生物量的 88.00%。

6.3.7 南门湖

(1)浮游植物

南门湖调查共检出浮游植物 7 门 9 纲 10 目 14 科 18 属 19 种,其中绿藻门 8 种,占总物种数的 42.11%;硅藻门 4 种,占总物种数的 21.05%;隐藻门、金藻门各 2 种,分别占总物种数的 10.53%;甲藻门、裸藻门和蓝藻门各 1 种,分别占总物种数的 5.26%(图 6.3-18)。

南门湖浮游植物密度为 2.89×10^6 cells/L,其中隐藻门占总密度的 50.49%、绿藻门占总密度的 22.33%、硅藻门占总密度的 20.39%、蓝藻门占总密度的 6.80%。由此可见,南门湖浮游植物密度主要类群为隐藻门、绿藻门、硅藻门。

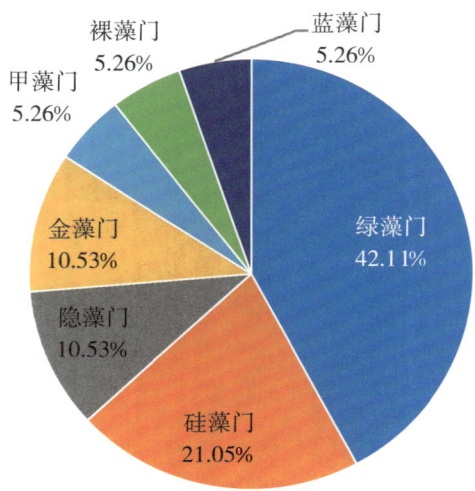

图 6.3-18　南门湖浮游植物种类组成

南门湖浮游植物生物量为 2.31mg/L，其中隐藻门占总生物量的 94.16%、硅藻门占总生物量的 2.80%、绿藻门占总生物量的 2.62%、蓝藻门占总生物量的 0.43%。由此可见，南门湖浮游植物生物量主要类群为隐藻门。

（2）浮游动物

南门湖 2023 年 3 月 1 次调查共检出浮游动物 21 种，其中原生动物 6 种，占总种类数的 28.57%；轮虫 5 种，占总种类数的 23.81%；枝角类 3 种，占总种类数的 14.29%；桡足类 7 种，占总种类数的 33.33%（图 6.3-19）。

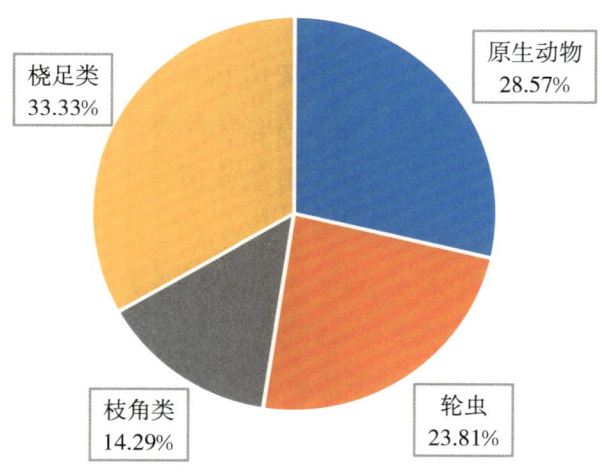

图 6.3-19　八里湖浮游动物群落结构

南门湖 2023 年 3 月调查浮游动物密度为 10328.6 个/L，其中原生动物密度占总密度的96.82%,轮虫占总密度的1.94%,枝角类占总密度的0.06%,桡足类占总密度的1.18%。

南门湖2023年3月浮游动物的平均生物量为5981.57μg/L,其中原生动物占总生物量的2.01%,轮虫占总生物量的0.11%,枝角类占总生物量的1.12%,桡足类占总生物量的96.76%。

6.3.8 琵琶湖

(1) 浮游植物

琵琶湖调查共检出浮游植物5门6纲10目17科25属31种,其中硅藻门15种,占总物种数的48.39%;绿藻门9种,占总物种数的29.03%;蓝藻门3种,占总物种数的9.68%;裸藻门和蓝藻门各2种,分别占总物种数的6.45%(图6.3-20)。

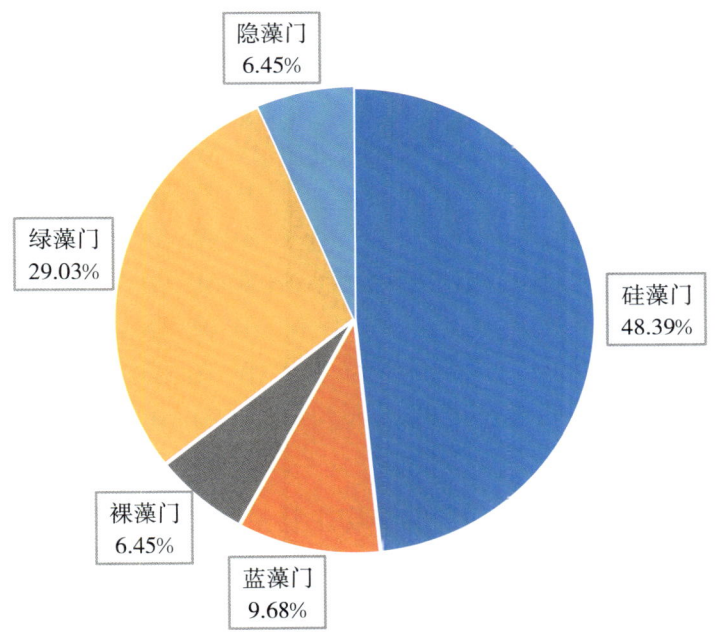

图6.3-20　琵琶湖浮游植物种类组成

琵琶湖浮游植物密度为2.72×10^7cells/L,其中隐藻门占总密度的47.42%、硅藻门占总密度的23.71%、蓝藻门占总密度的15.46%、绿藻门占总密度的13.40%。由此可见,琵琶湖浮游植物密度主要类群为隐藻门、硅藻门、蓝藻门、绿藻门。

琵琶湖浮游植物生物量为15.67mg/L，其中隐藻门占总生物量的89.96%、硅藻门占总生物量的6.45%、绿藻门占总生物量的2.24%、蓝藻门占总生物量的1.34%。由此可见，琵琶湖浮游植物生物量主要类群为隐藻门。

(2) 浮游动物

琵琶湖2023年3月1次调查共检出浮游动物16种，其中原生动物4种，占总种类数的25.00%；轮虫8种，占总种类数的50.00%；枝角类1种，占总种类数的6.25%；桡足类3种，占总种类数的18.75%（图6.3-21）。

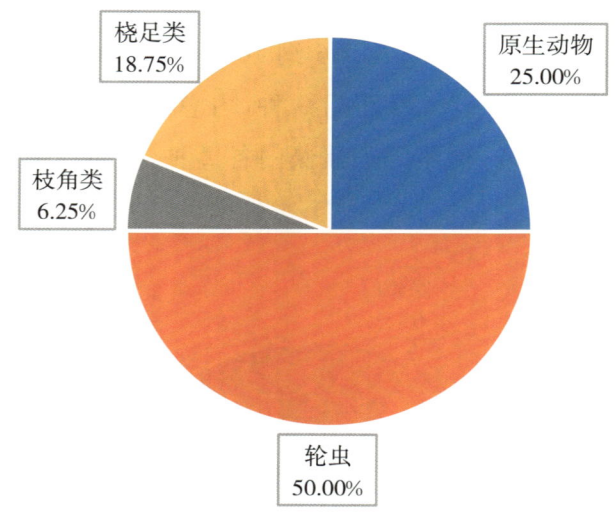

图6.3-21 琵琶湖浮游动物群落结构

琵琶湖2023年3月调查浮游动物密度为7638个/L，其中原生动物密度占总密度的98.20%，轮虫占总密度的0.65%，枝角类占总密度的0.04%，桡足类占总密度的1.11%。

琵琶湖2023年3月浮游动物的平均生物量为19320.23μg/L，其中原生动物占总生物量的0.41%，轮虫占总生物量的0.03%，枝角类占总生物量的1.76%，桡足类占总生物量的97.80%。

第 7 章　九江市城市湖泊主要水生生物附图

7.1　浮游植物

7.1.1　蓝藻门

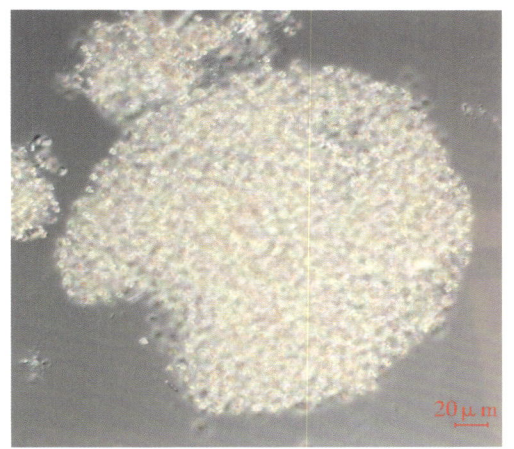

水华微囊藻 *Microcystis flos-aquae*

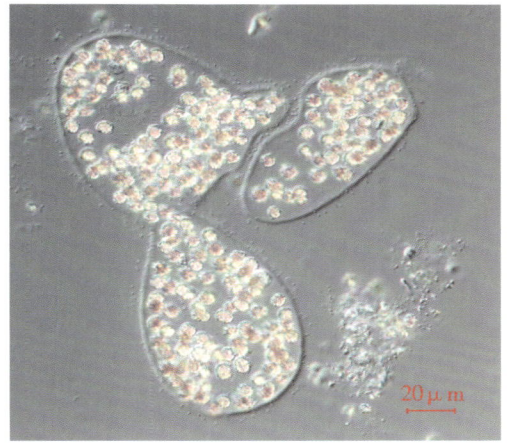

惠氏微囊藻 *Microcystis wesenbergii*

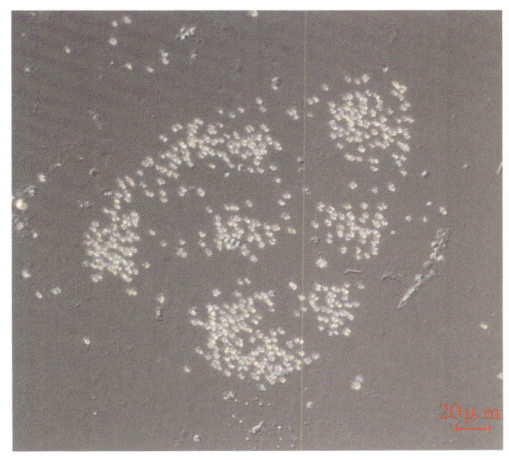

微囊藻一种 *Microcystis* sp.

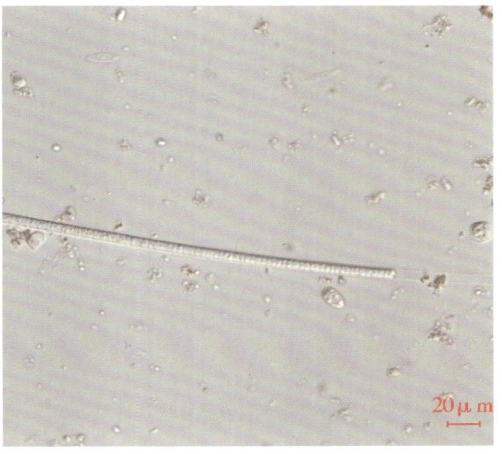

鞘丝藻 *Lyngbya* sp.

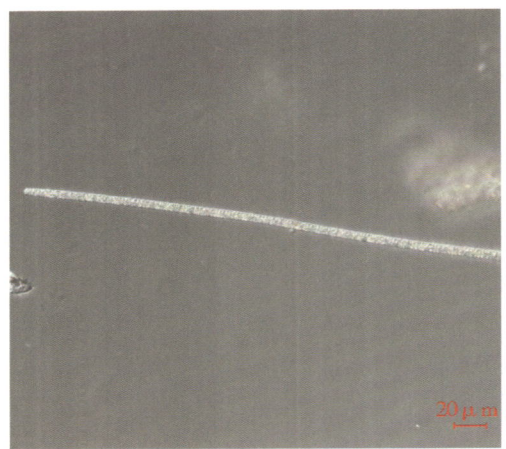
浮丝藻 *Planktothrix* sp.

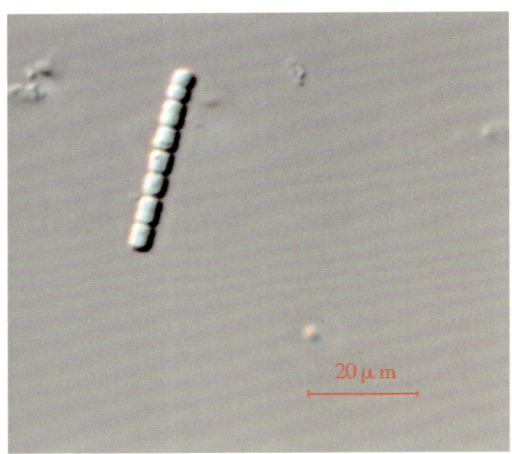
假鱼腥藻 *Pseudanabaena* sp.

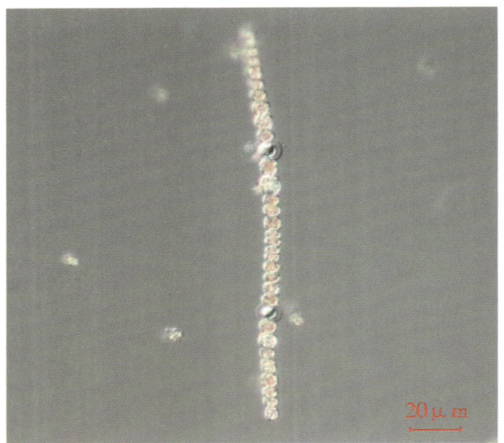
长孢藻 *Dolichospermum* sp.

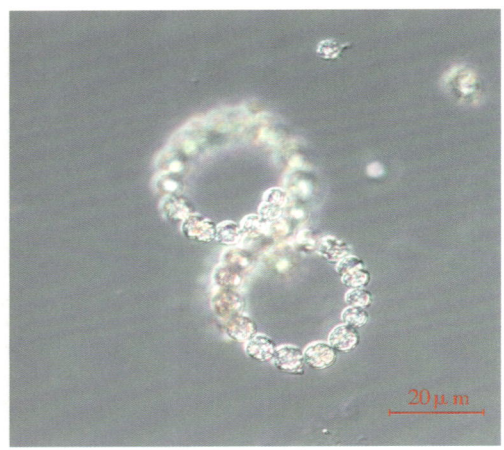
水华长孢藻 *Dolichospermum flos-aquae*

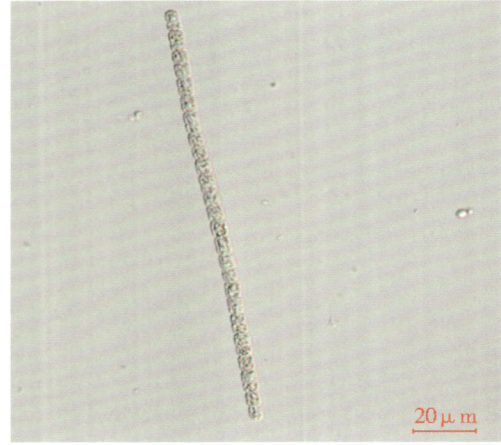
尖头藻 *Raphidiopsis* sp.

束丝藻 *Aphanizomenon* sp.

7.1.2 绿藻门

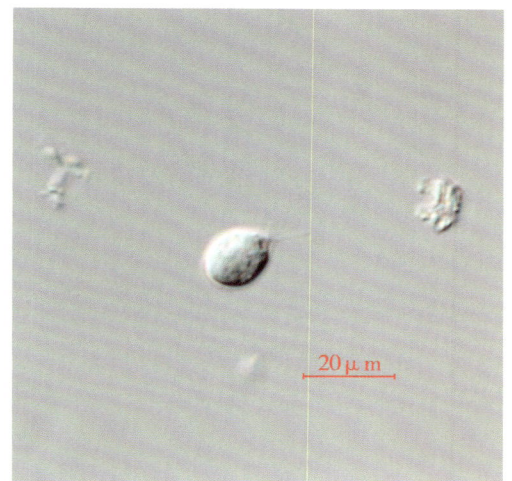

衣藻 *Chlamydomonas* sp.

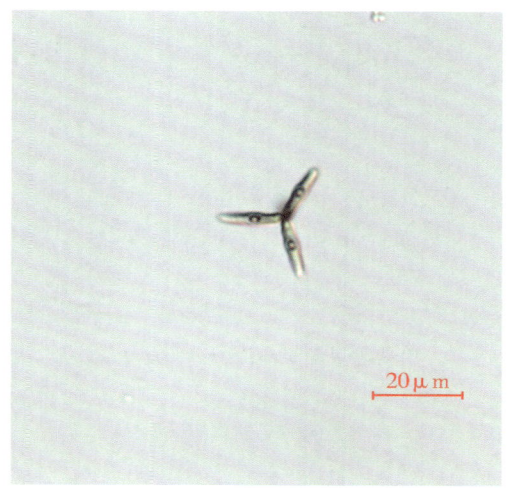

集星藻 *Actinastrum hantzschii*

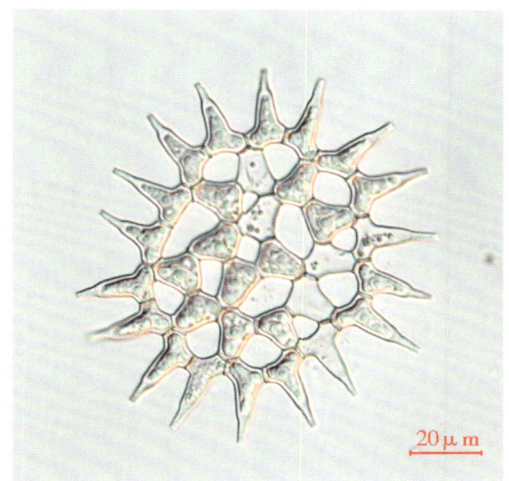

单角盘星藻对突变种

Pediastrum simplex var. *biwaeuse*

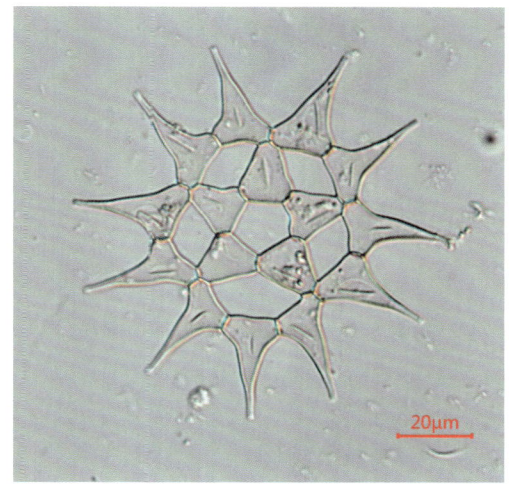

单角盘星藻具孔变种

Pediastrum simplex var. *duodenarium*

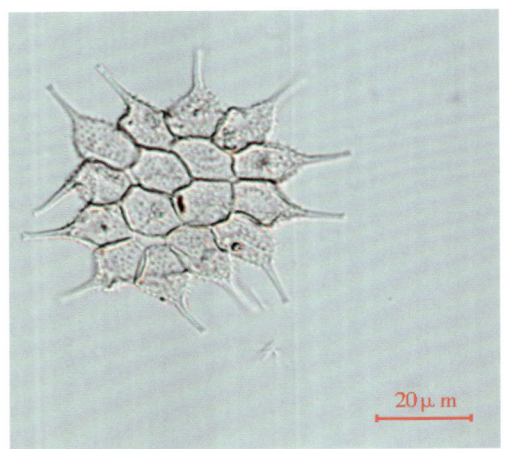
单角盘星藻 *Pediastrum simplex*

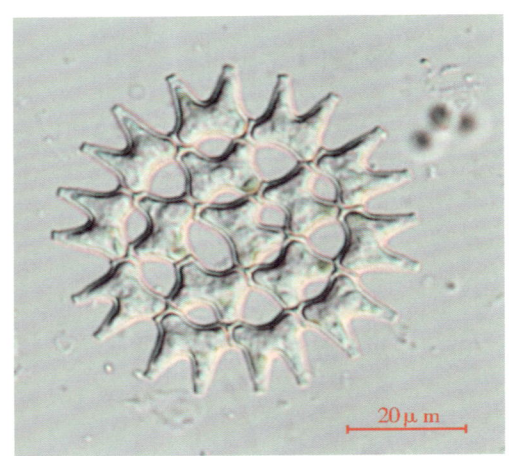
二角盘星藻 *Pediastrum duplex*

短棘盘星藻 *Pediastrum boryanurn*

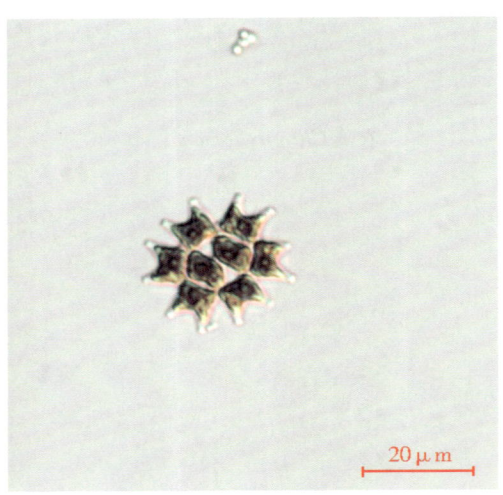
短棘盘星藻 *Pediastrum boryanurn*

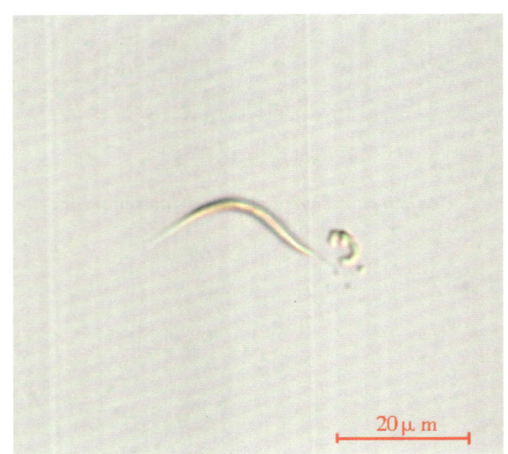
纤维藻 *Ankistrodesmus* sp.

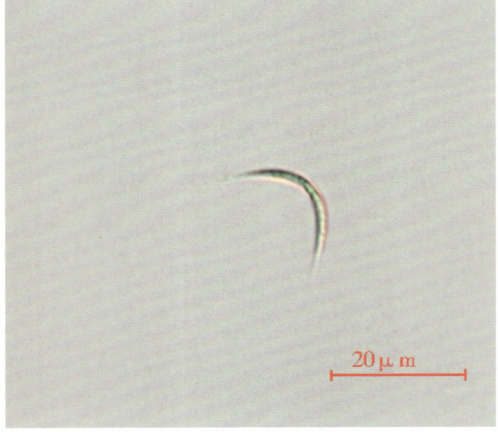
纤维藻 *Ankistrodesmus* sp.

第 7 章 九江市城市湖泊主要水生生物附图

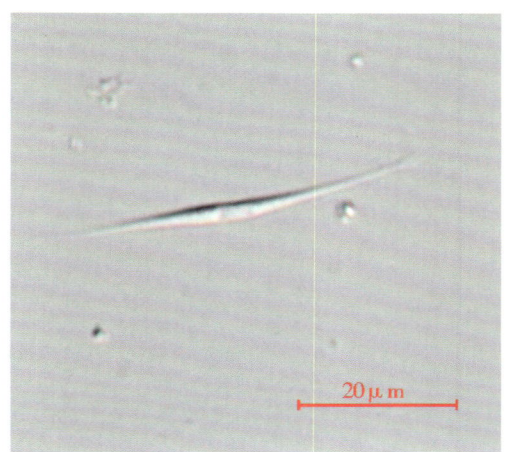

针形纤维藻 Ankistrodesmus acicularis

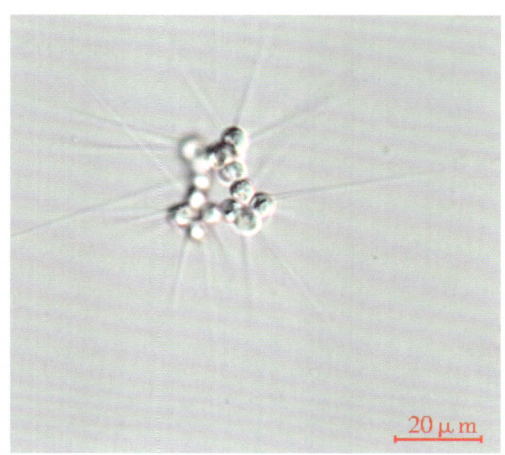

微芒藻 Micractinium pusillum

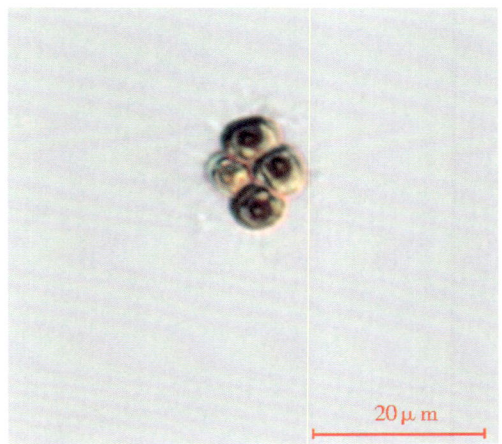

短刺四星藻 Tetrastrum staurogeniaeforme

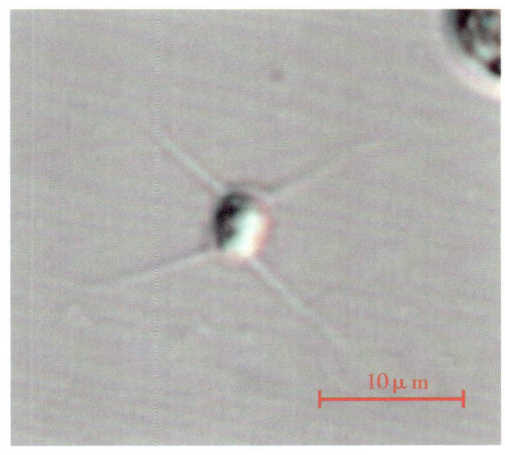

四刺顶棘藻 Chodatella quadriseta

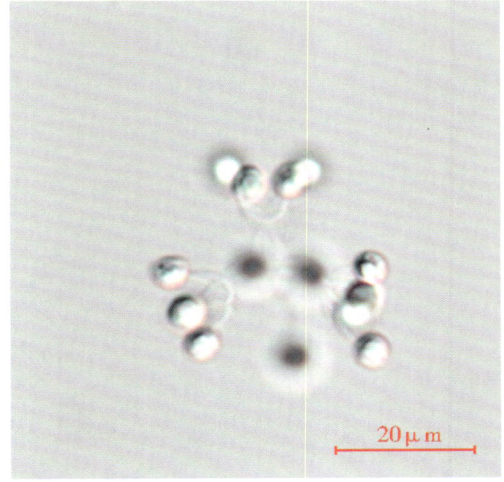

美丽胶网藻 Dictyosphaerium pulchellum

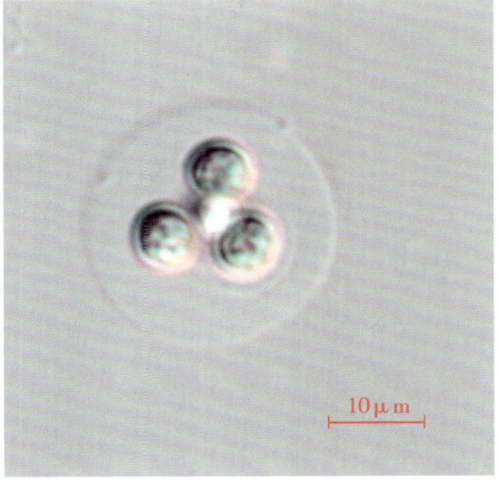

浮球藻 Planktosphaeria gelotinoca

弓形藻 *Schorederia* sp.

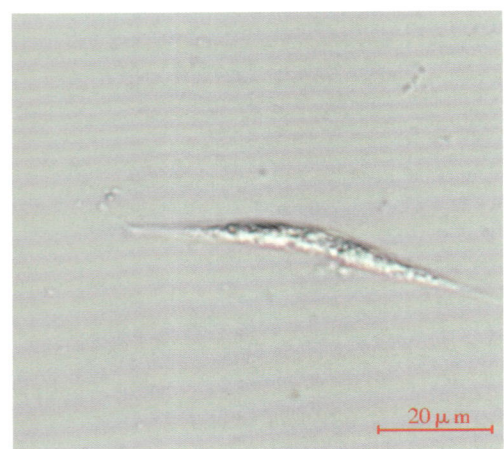
弓形藻 *Schorederia* sp.

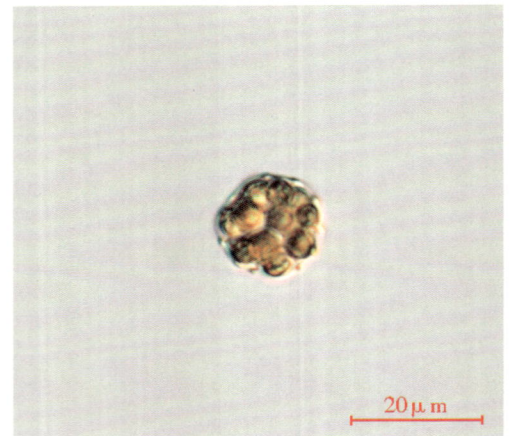
网状空星藻 *Coelastrum reticulatum*

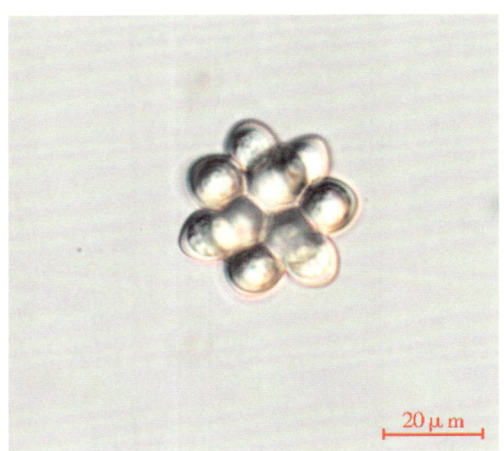
小空星藻 *Coelastrum microporum*

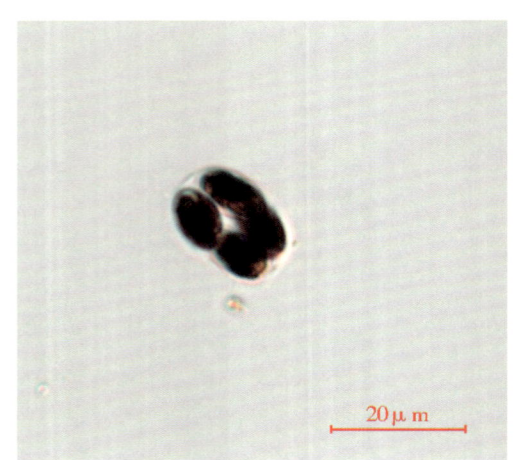
湖生卵囊藻 *Oocystis lacustis*

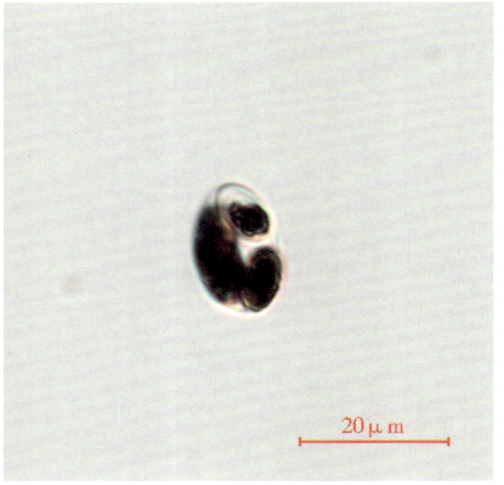
湖生卵囊藻 *Oocystis lacustis*

第 7 章　九江市城市湖泊主要水生生物附图

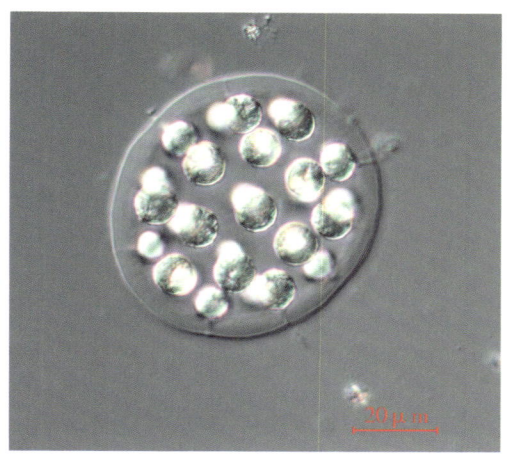

空球藻 *Eudorina elegans*

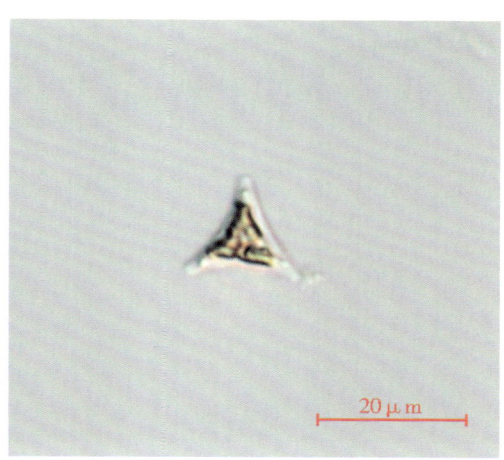

三角四角藻 *Tetraëdron trigonum*

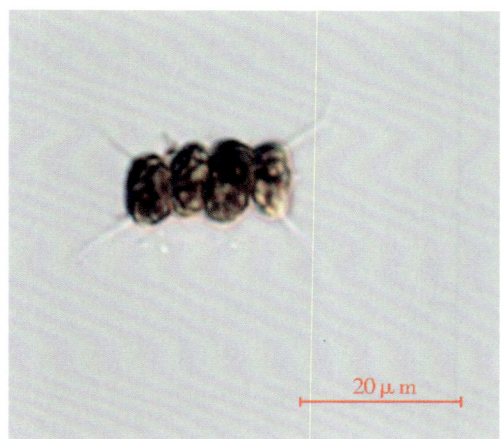

栅藻 *Scenedesmus* sp.

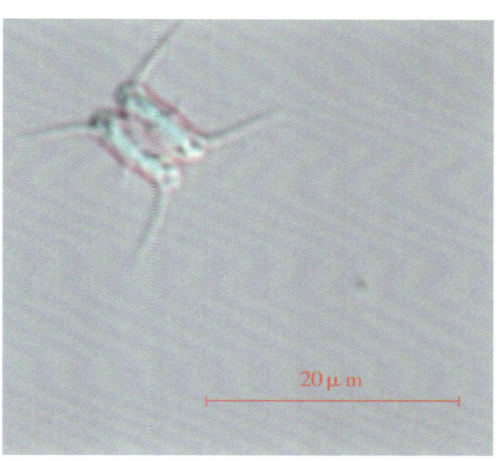

栅藻 *Scenedesmus* sp.

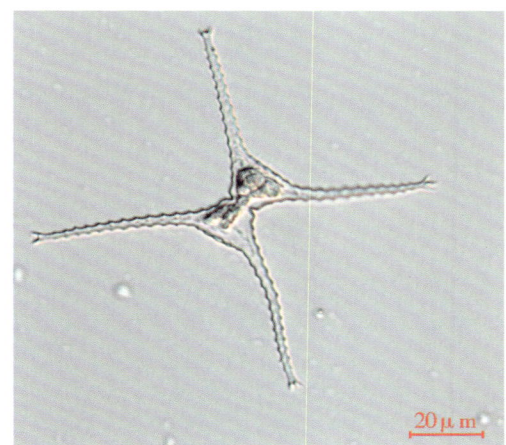

纤细角星鼓藻 *Staurastrum gracile*

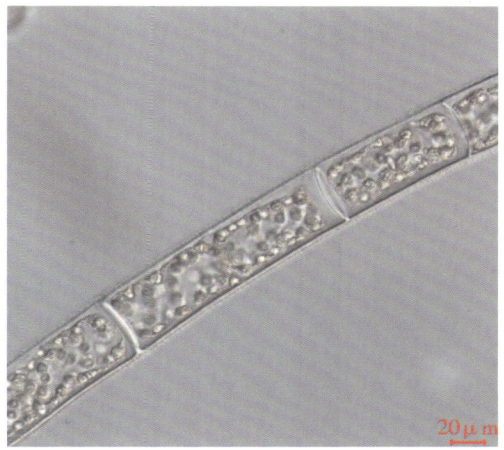

刚毛藻 *Cladophora* sp.

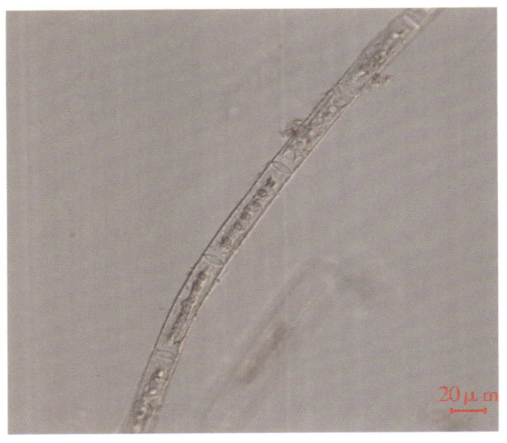
转板藻 *Mougeotia* sp.

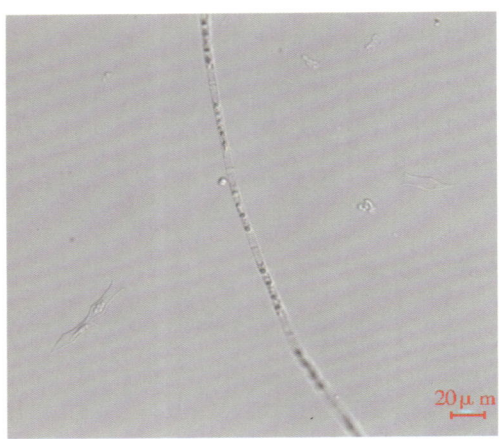
转板藻 *Mougeotia* sp.

水绵 *Spirogyra* sp.

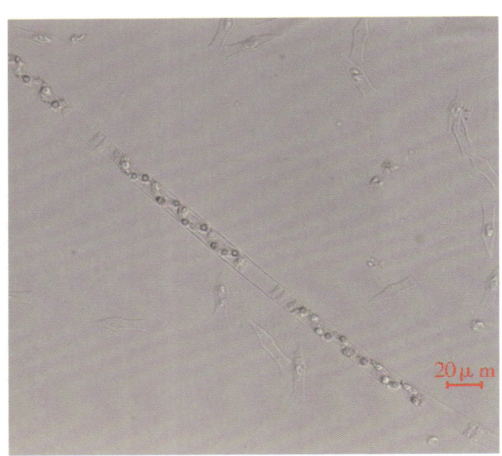
水绵 *Spirogyra* sp.

7.1.3 硅藻门

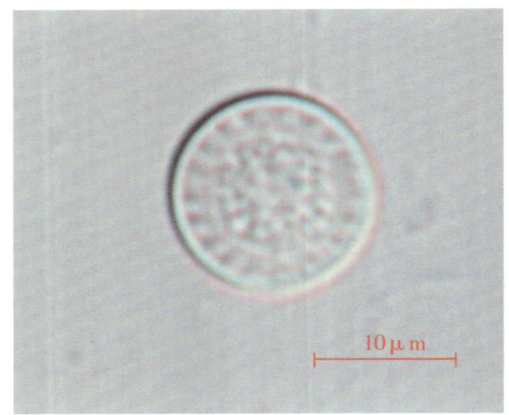
扭曲小环藻 *Cyclotella comta*

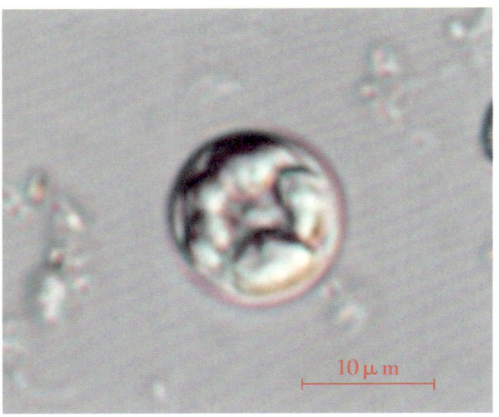
扭曲小环藻 *Cyclotella comta*

第 7 章　九江市城市湖泊主要水生生物附图

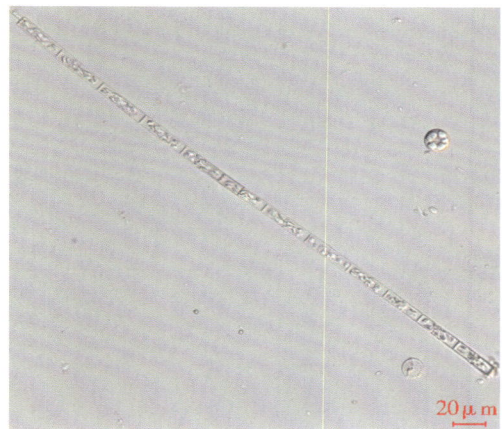

颗粒沟链藻极狭变种
Aulacoseira granulata var. *angustissima*

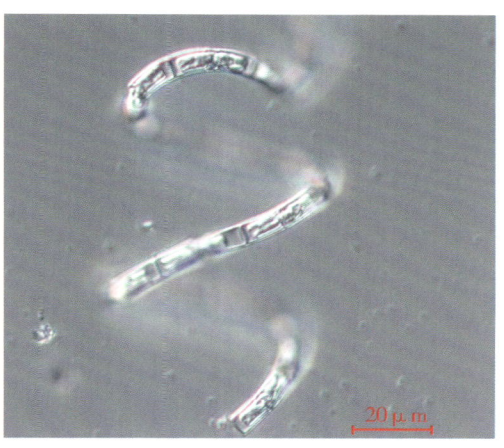

颗粒沟链藻极狭变种螺旋变型
Aulacoseira granulata var. *angustissima* f. *spiralis*

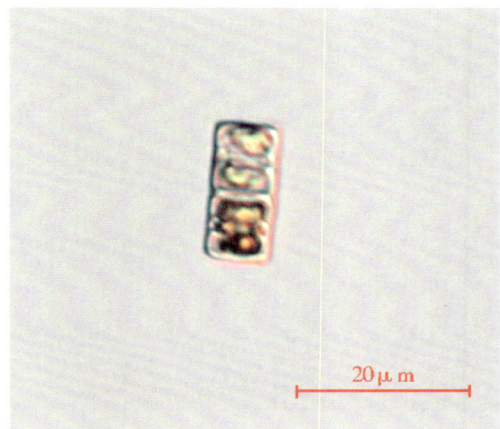

矮小沟链藻 *Aulacoseira pusilla*

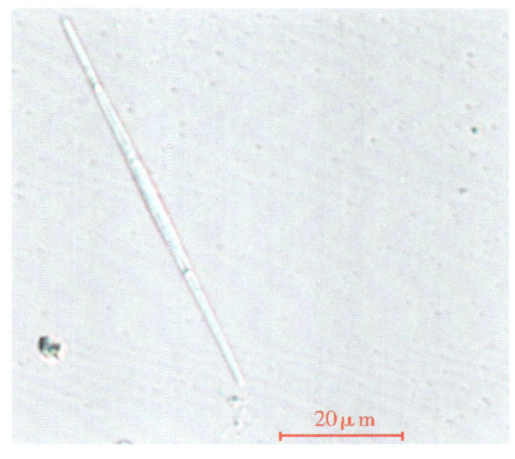

尖肘形藻 *Ulnaria acus*

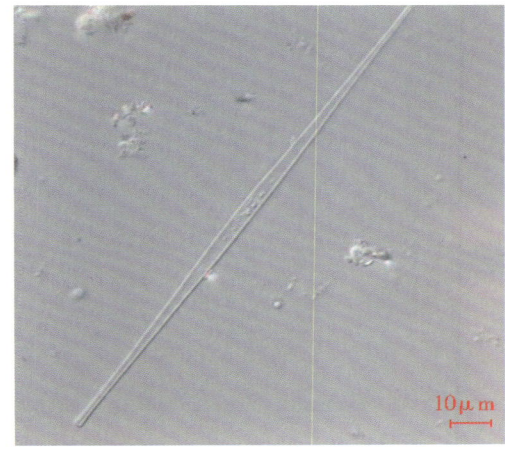

柔嫩脆杆藻 *Fragilaria tenera*

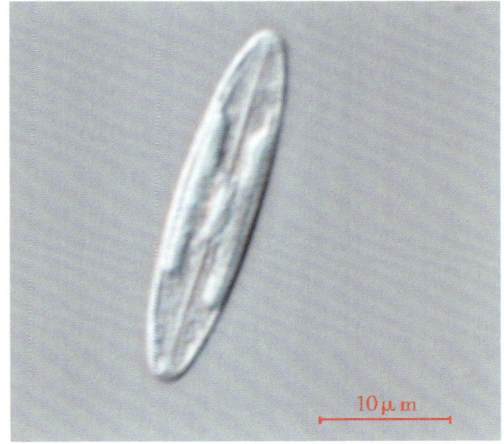

舟形藻 *Navicula* sp.

73

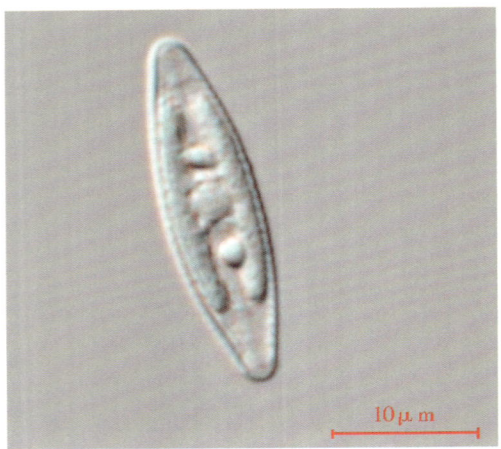
隐头舟形藻 *Navicula cryptocephala*

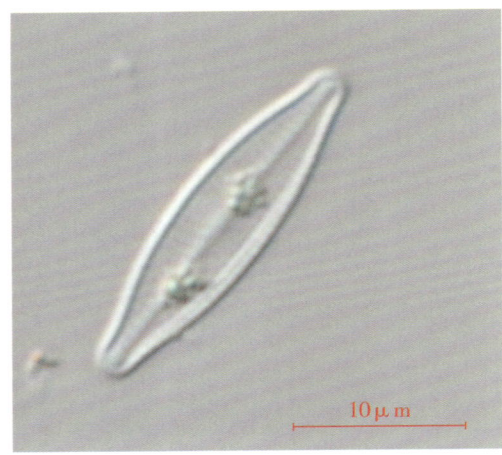
隐头舟形藻 *Navicula cryptocephala*

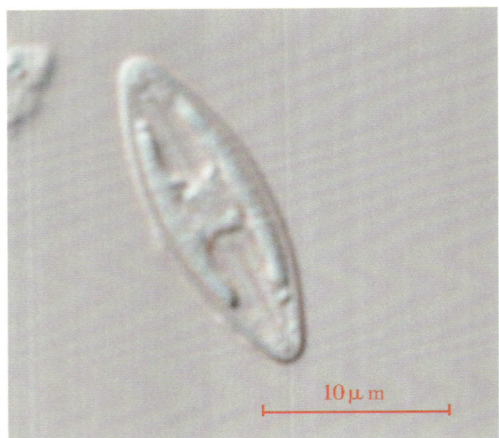
系带舟形藻 *Navicula cincta*

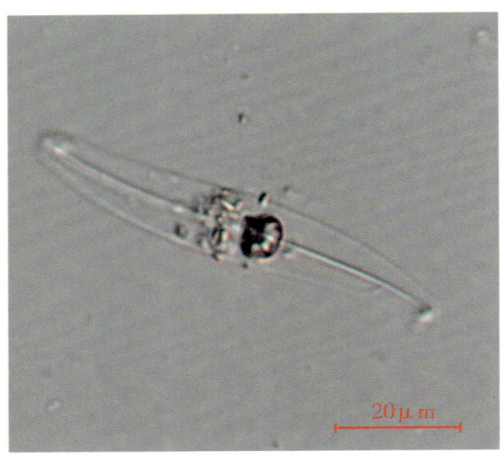
尖布纹藻 *Gyrosigma acuminatum*

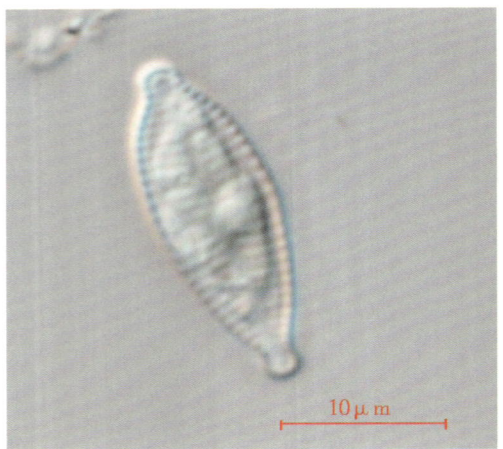
小形异极藻 *Gomphonema parvulun*

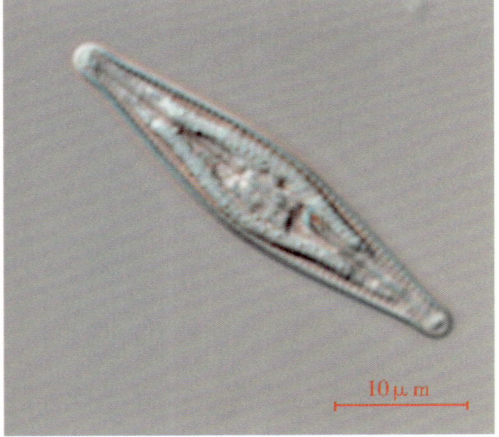
似舟形异极藻 *Gomphonema naviculoides*

第 7 章　九江市城市湖泊主要水生生物附图

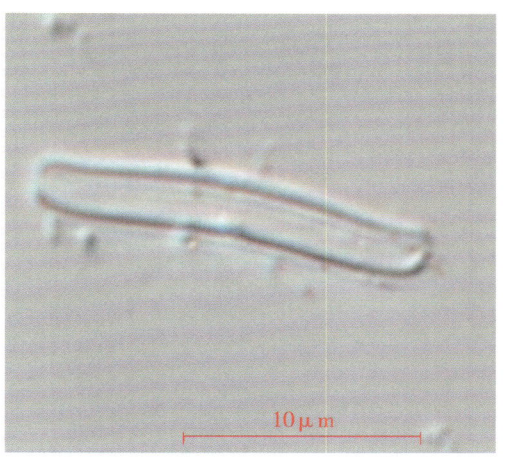

弯壳藻 *Achnanthidium* sp.

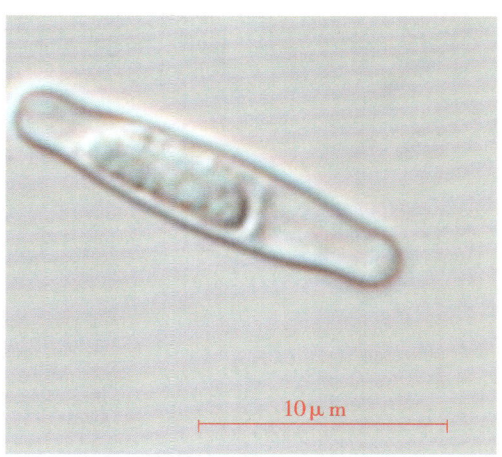

弯壳藻 *Achnanthidium* sp.

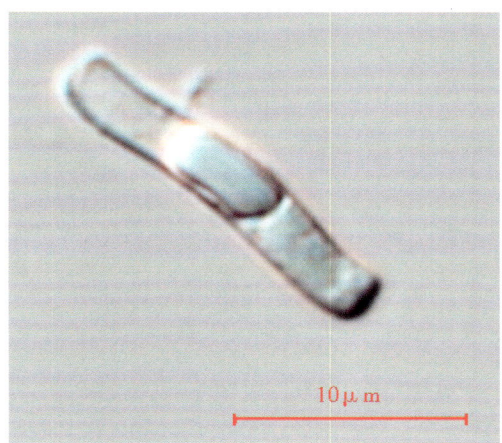

弯壳藻 *Achnanthidium* sp.

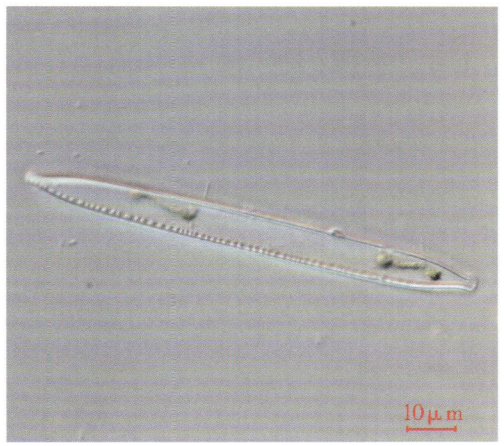

谷皮菱形藻 *Nitzschia palea*

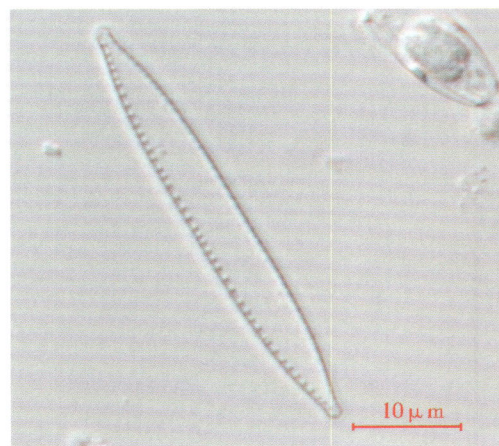

谷皮菱形藻 *Nitzschia palea*

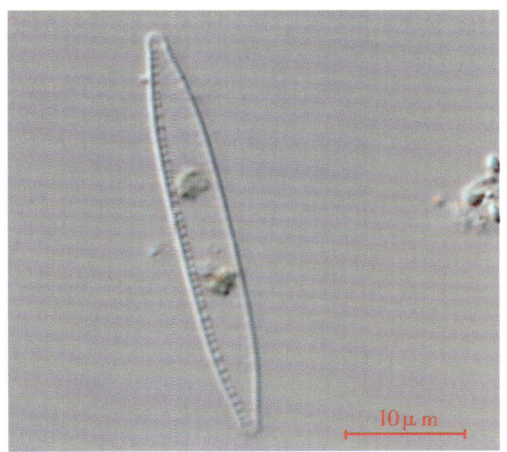

谷皮菱形藻 *Nitzschia palea*

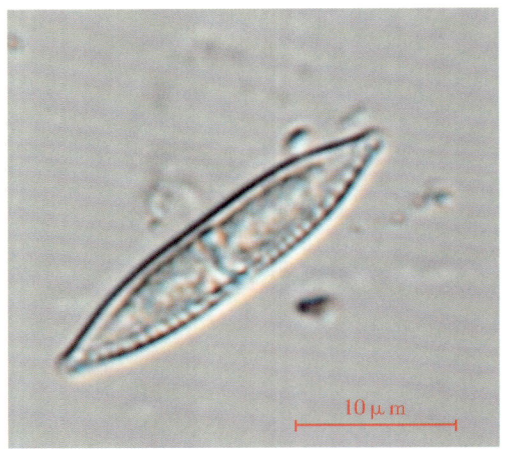
谷皮菱形藻 Nitzschia palea

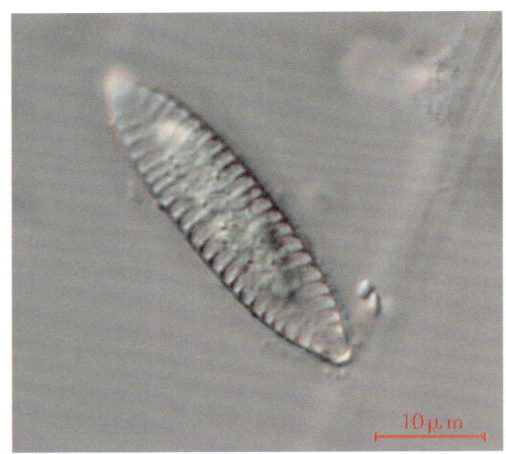
线形双菱藻 Surirella linearis

7.1.4 金藻门

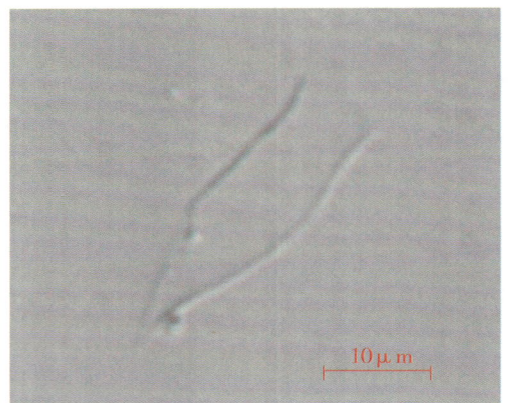
圆筒锥囊藻 Dinobryon cylindricum

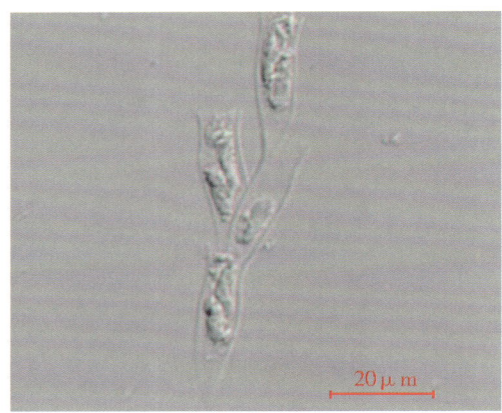
圆筒锥囊藻 Dinobryon cylindricum

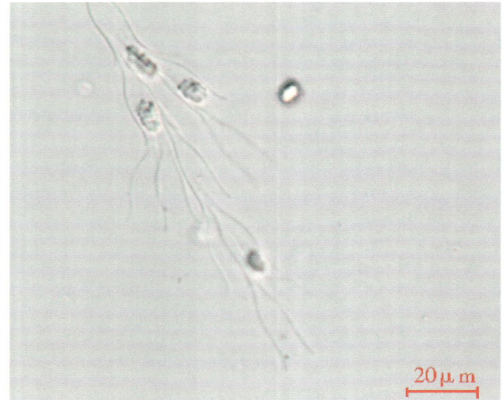
密集锥囊藻 Dinobryon sertularia

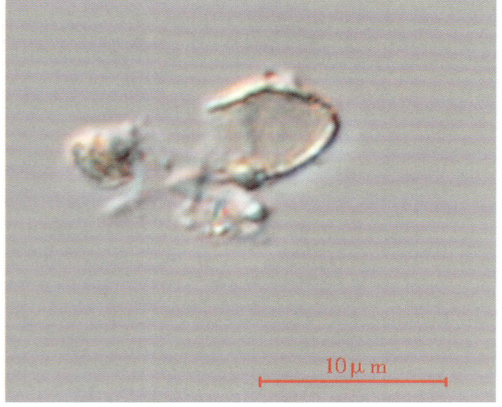
金杯藻 Keqhyrion sp.

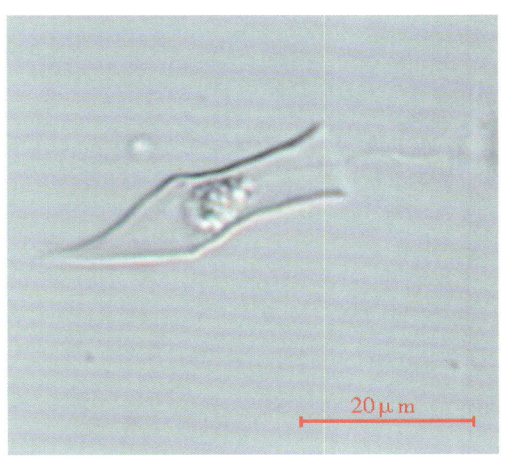 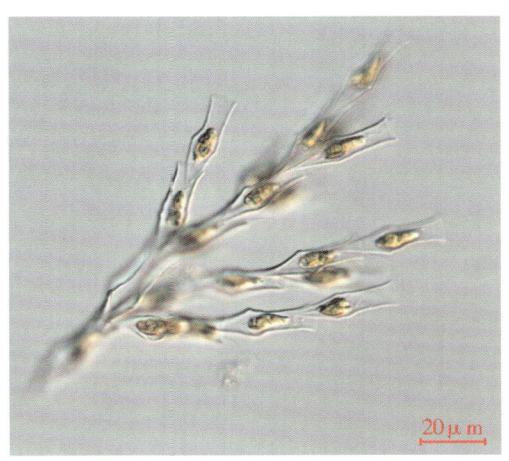

分歧锥囊藻 *Dinobryon divergens* 　　　　　　分歧锥囊藻 *Dinobryon divergens*

7.1.5　隐藻门

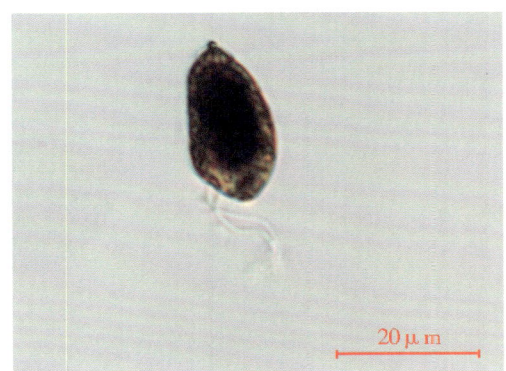

啮蚀隐藻 *Cryptomonas erosa*

7.1.6　裸藻门

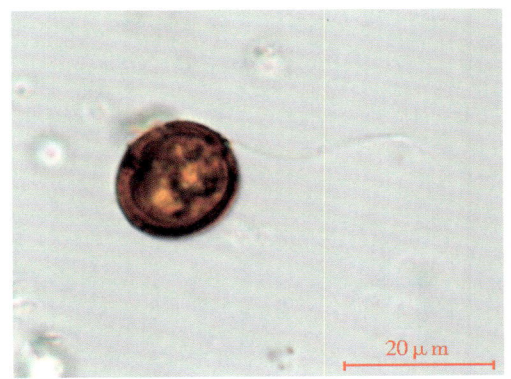 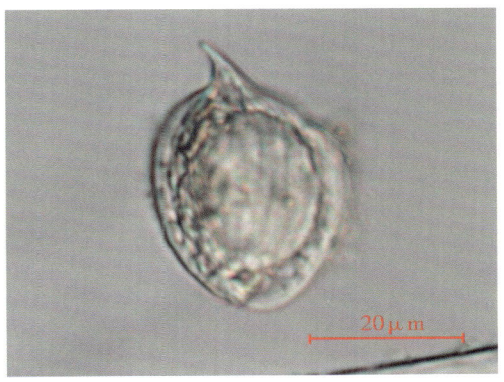

囊裸藻 *Trachelomonas* sp. 　　　　　　扁裸藻 *Phacus* sp.

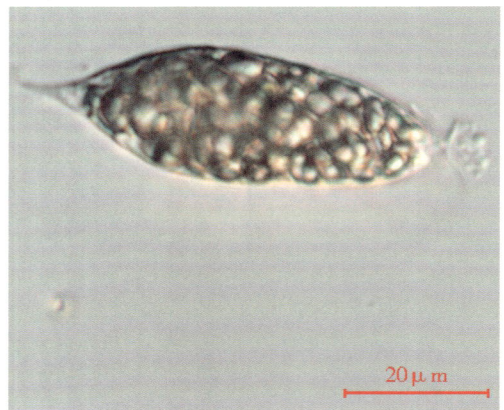

尖尾裸藻 *Euglena oxyuris*

7.1.7　甲藻门

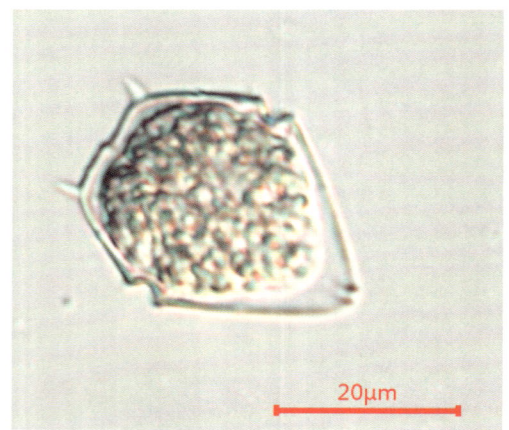

拟多甲藻 *Peridiniopsis* sp.

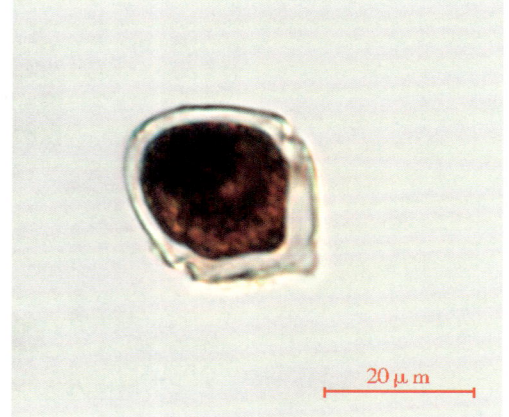

薄甲藻 *Gymuodinium* sp.

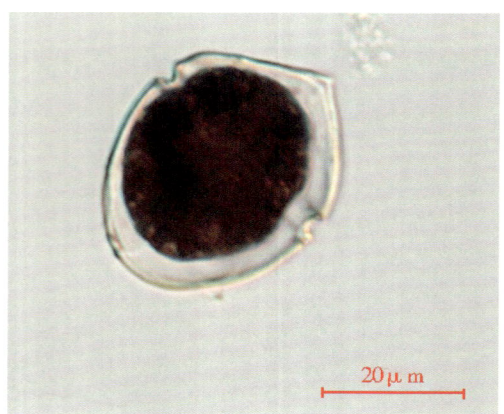

薄甲藻 *Gymuodinium* sp.

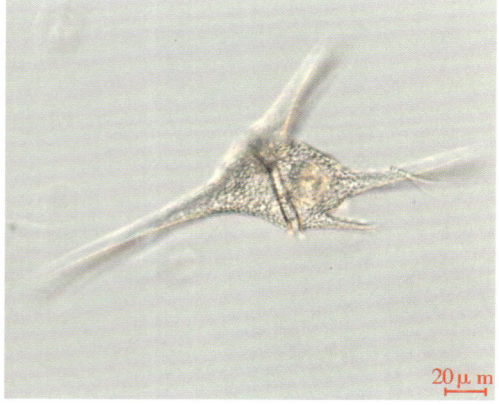

飞燕角甲藻 *Ceratium hirundinella*

7.2 浮游动物

7.2.1 原生动物

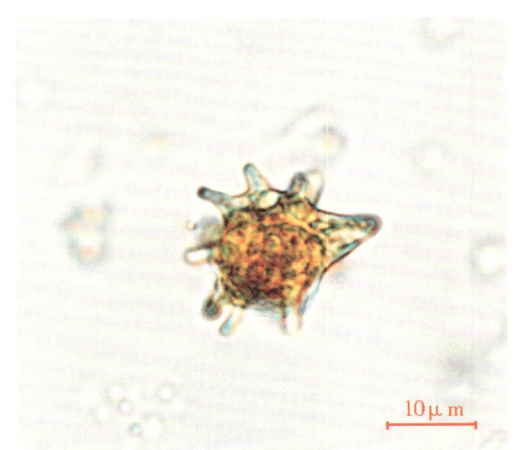

变形虫 *Amoeba* sp.

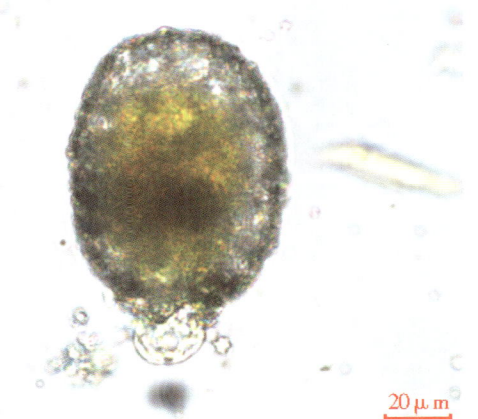

砂壳虫 *Difflugia* sp.

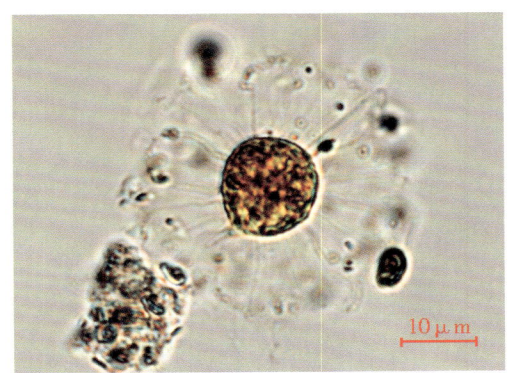

刺胞虫 *Acanthocystis* sp.

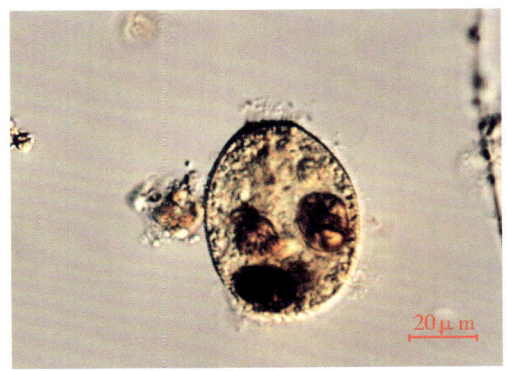

前管虫 *Prorodon* sp.

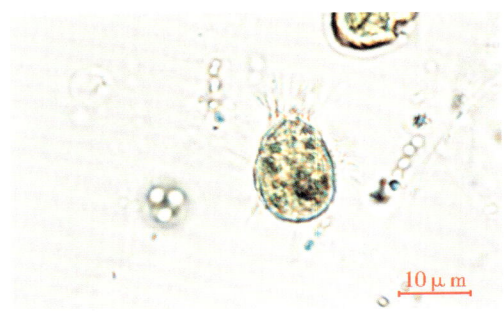

尾毛虫 *Urotricha* sp.

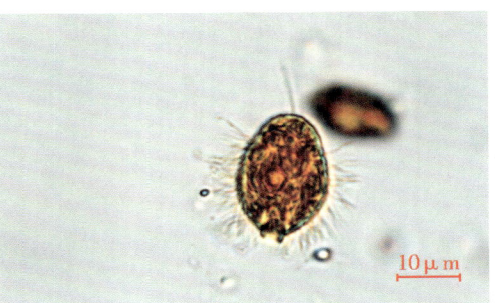

尾毛虫 *Urotricha* sp.

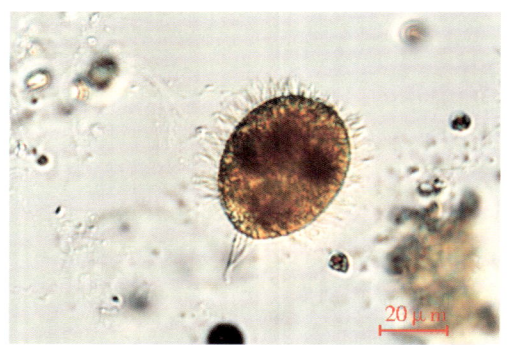
双叉尾毛虫 *Urotricha furcata*

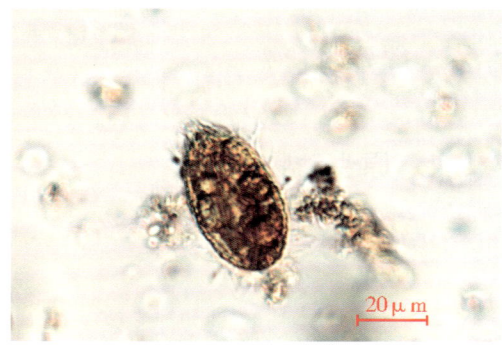
板壳虫 *Coleps* sp.

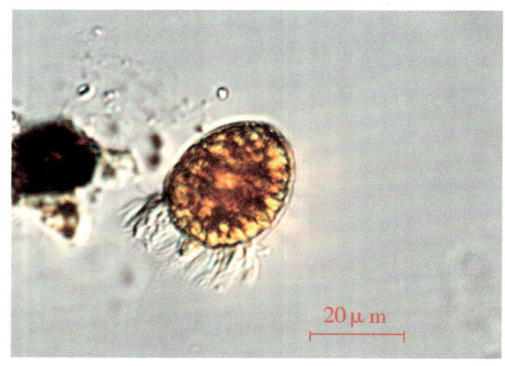
小单环栉毛虫 *Didinium balbianii nanum*

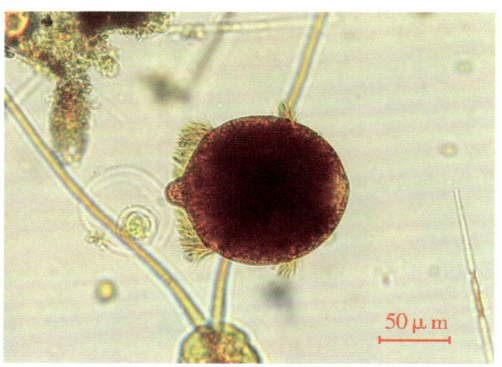
双环栉毛虫 *Didinium nasutum*

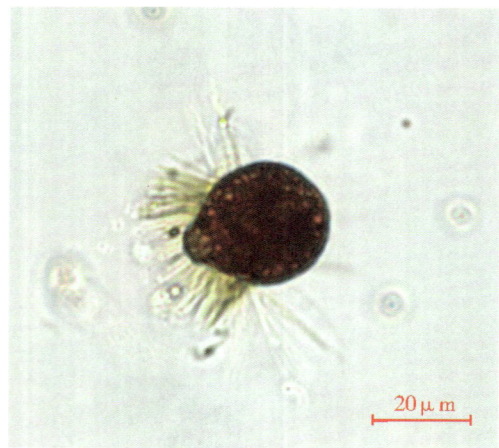
团睥睨虫 *Askenasia volvox*

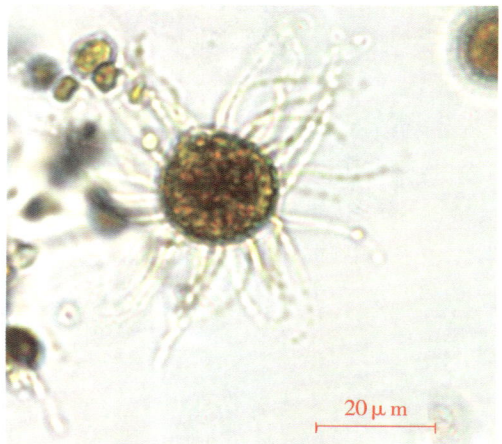
球吸管虫 *Sphaerophrya* sp.

第 7 章　九江市城市湖泊主要水生生物附图

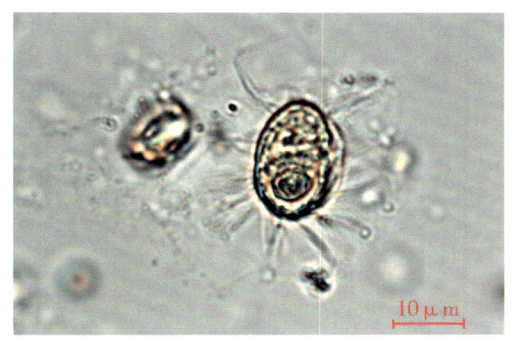

膜袋虫 *Cyclidium* sp.

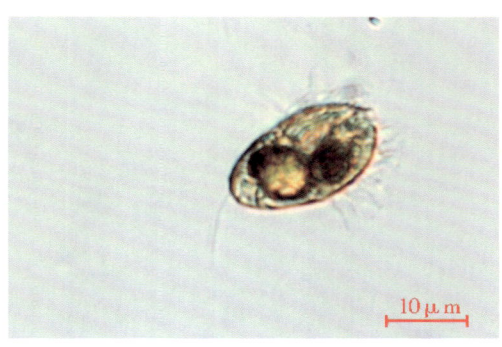

膜袋虫 *Cyclidium* sp.

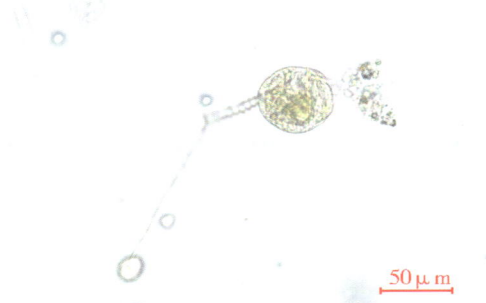

钟虫 *Vorticella* sp.

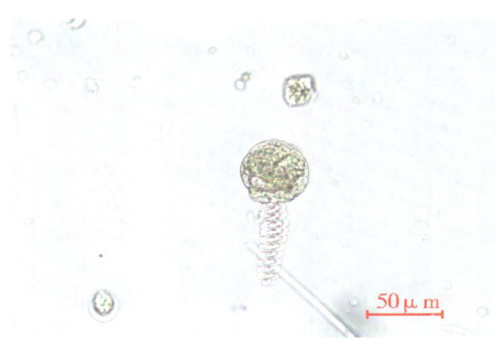

钟虫 *Vorticella* sp.

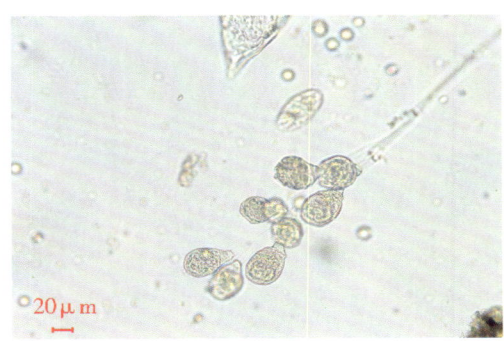

累枝虫 *Epistylis* sp.

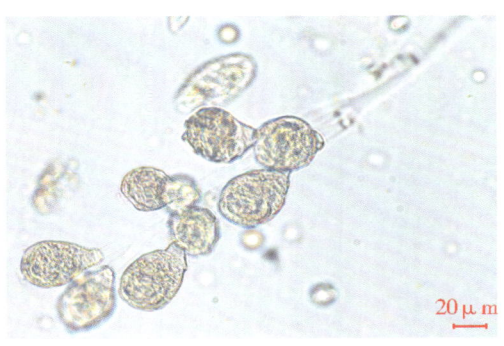

累枝虫 *Epistylis* sp.

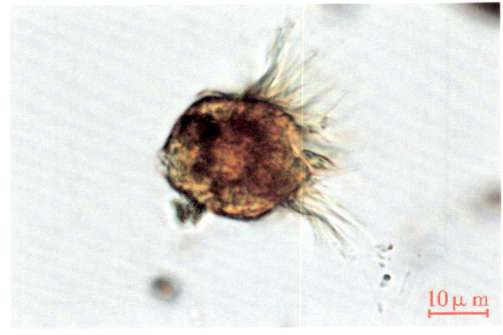

急游虫 *Strombidium* sp.

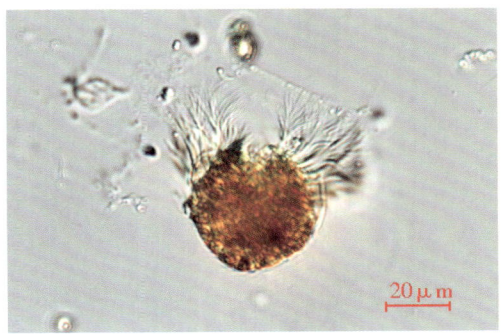

急游虫 *Strombidium* sp.

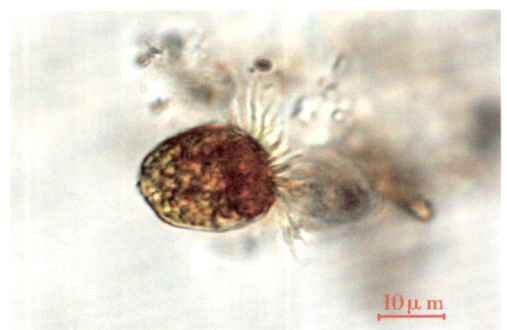
旋回侠盗虫 *Strobilidium gyrans*

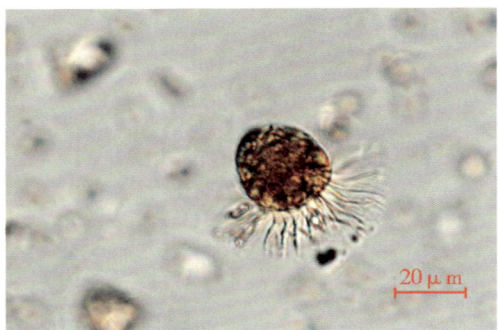
旋回侠盗虫 *Strobilidium gyrans*

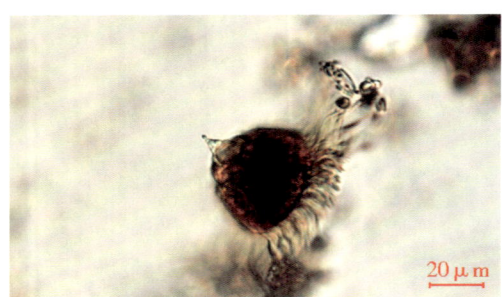
陀螺侠盗虫 *Strobilidium velox*

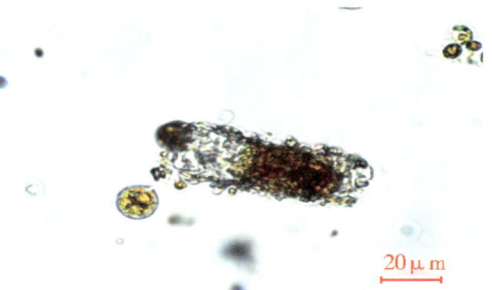
淡水筒壳虫 *Tintinnidium fluviatile*

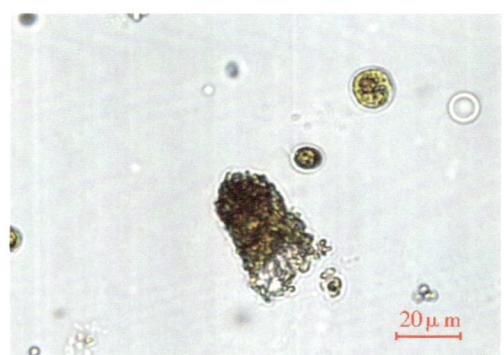
小筒壳虫 *Tintinnidium pusillum*

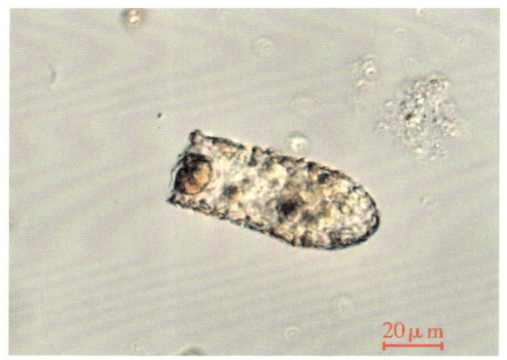
中华似铃壳虫 *Tintinnopsis sinensis*

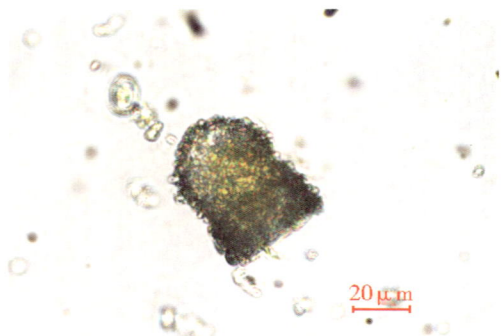
王氏似铃壳虫 *Tintinnopsis wangi*

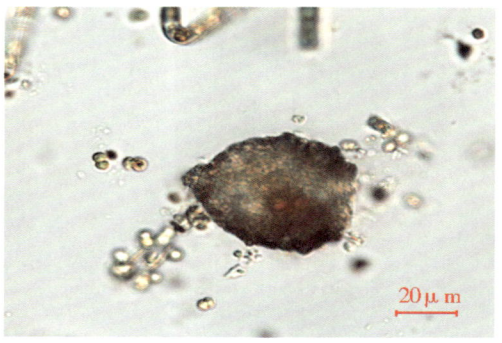
东方似铃壳虫 *Tintinnopsis orientalis*

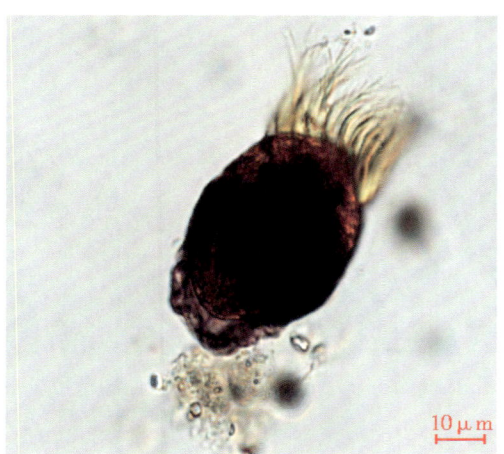

似铃壳虫 *Tintinnopsis* sp.

7.2.2 轮虫

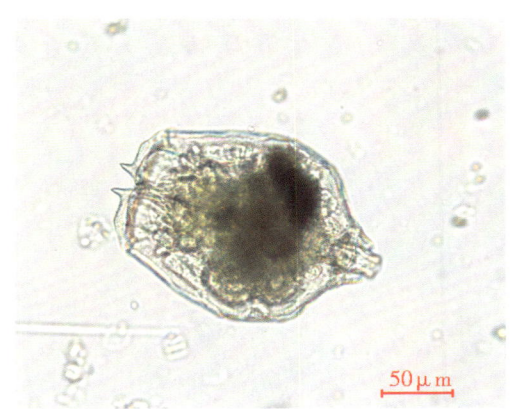

角突臂尾轮虫 *Brachionus angularis*

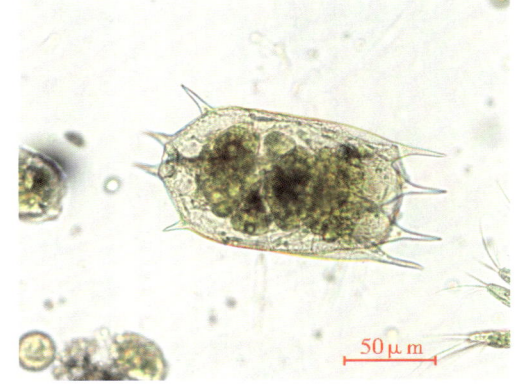

萼花臂尾轮虫 *Brachionus calyciflorus*

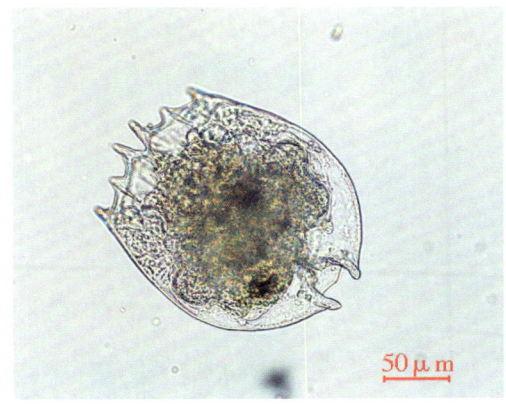

壶状臂尾轮虫 *Brachionus urceus*

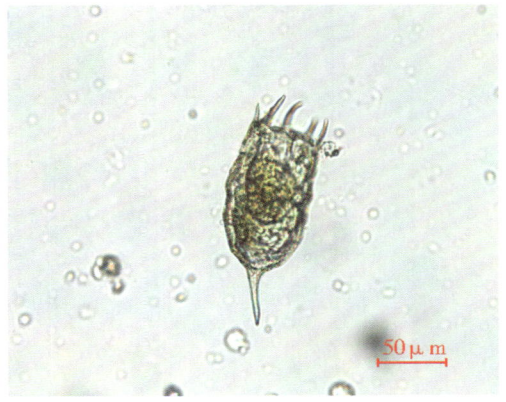

螺形龟甲轮虫 *Keratella cochlearis*

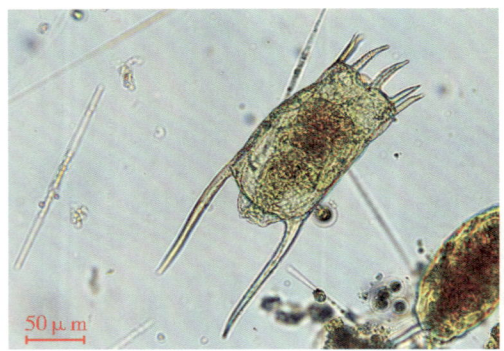

矩形龟甲轮虫 *Keratella quadrata*

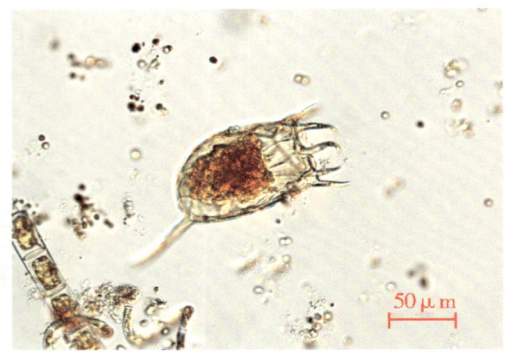

曲腿龟甲轮虫 *Keratella valga*

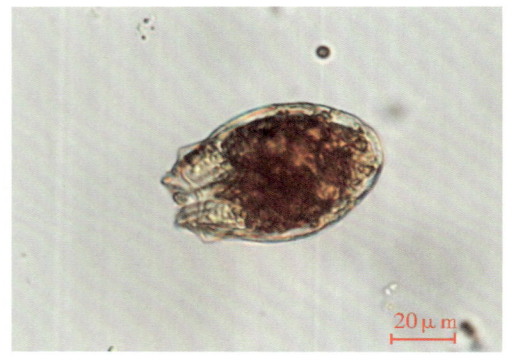

裂痕龟纹轮虫 *Anuraeopsis fissa*

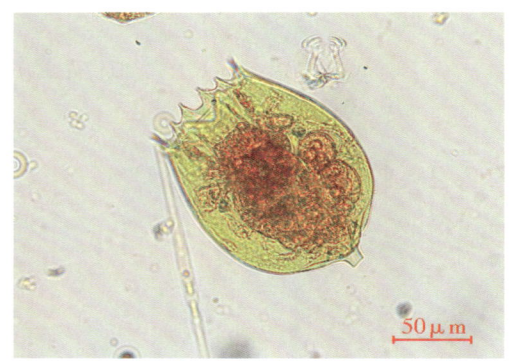

唇形叶轮虫 *Notholca labis*

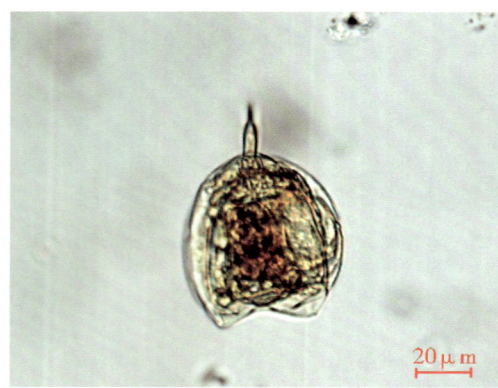

尖趾腔轮虫 *Lecane closterocerca*

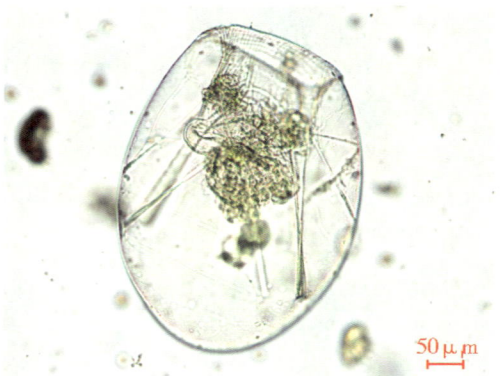

晶囊轮虫 *Asplanchna* sp.

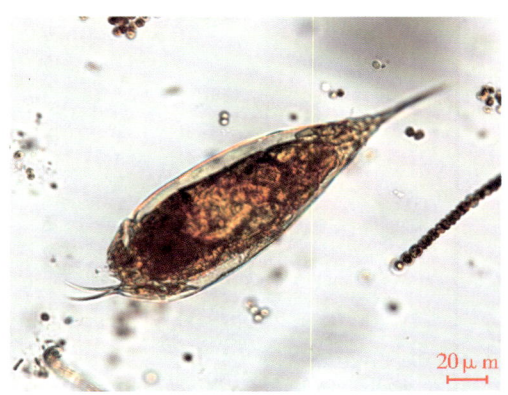
等刺异尾轮虫 *Trichocerca similis*

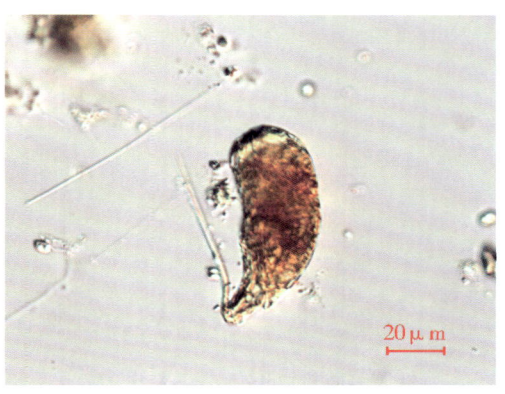
暗小异尾轮虫 *Trichocerca pusilla*

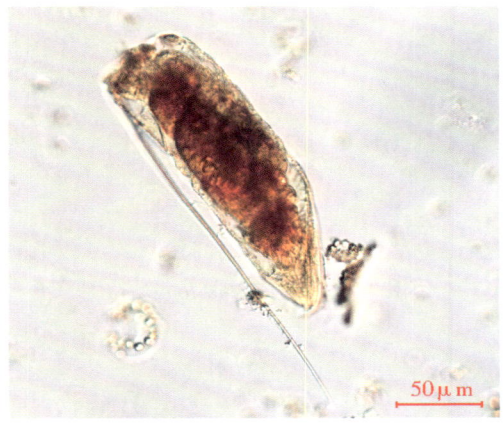
圆筒异尾轮虫 *Trichocerca cylindrica*

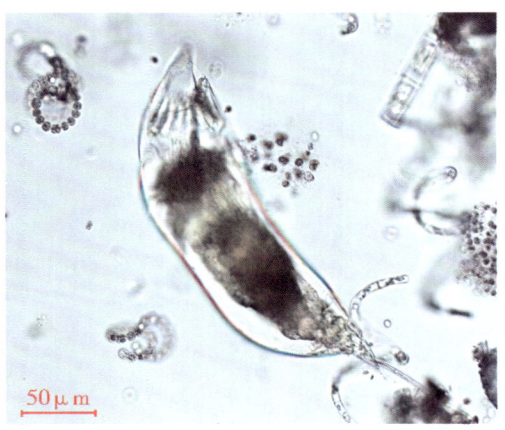
刺盖异尾轮虫 *Trichocerca capucina*

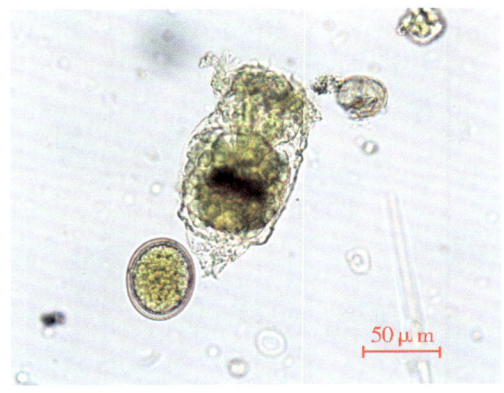
疣毛轮虫 *Synchaeta* sp.

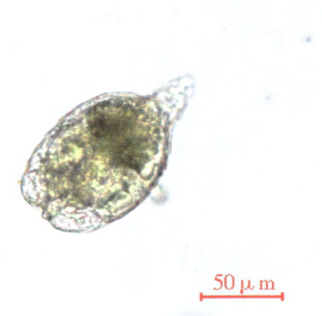
疣毛轮虫 *Synchaeta* sp.

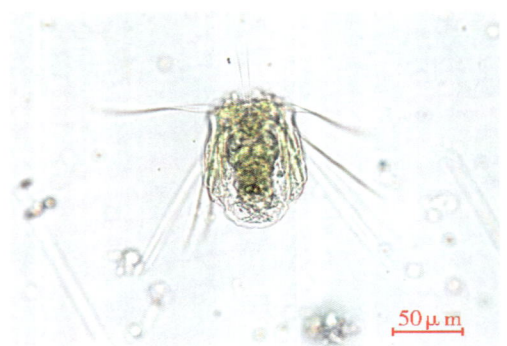
针簇多肢轮虫 *Polyarthra trigla*

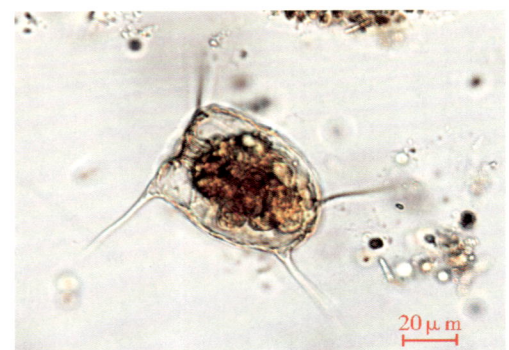
微小三肢轮虫 *Filinia minuta*

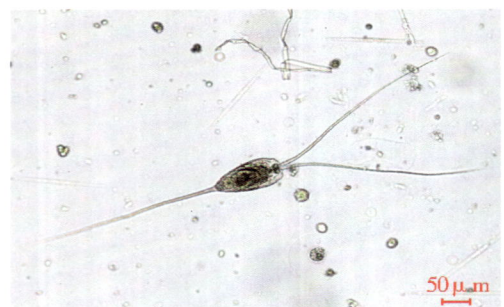
长三肢轮虫 *Filinia longiseta*

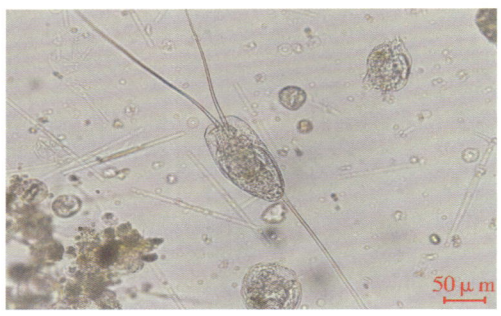
长三肢轮虫 *Filinia longiseta*

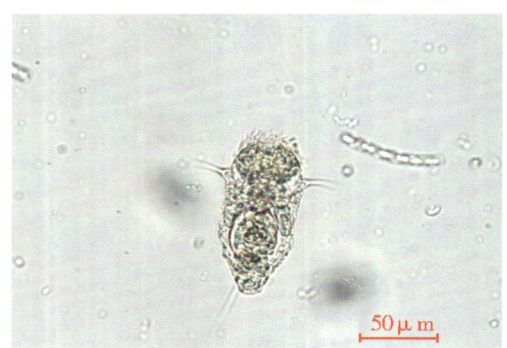
臂三肢轮虫 *Filinia brachiata*

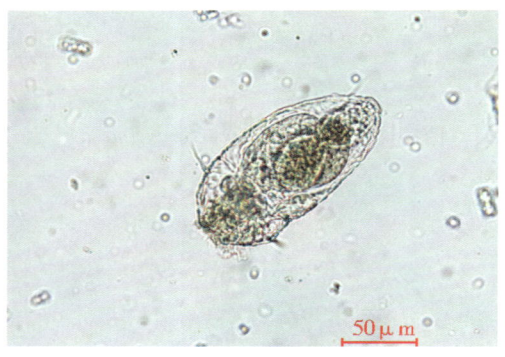
臂三肢轮虫 *Filinia brachiata*

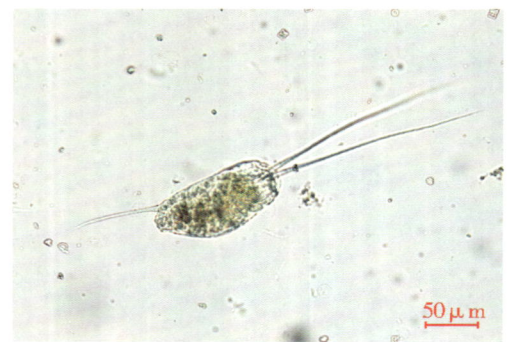
跃进三肢轮虫 *Filinia passa*

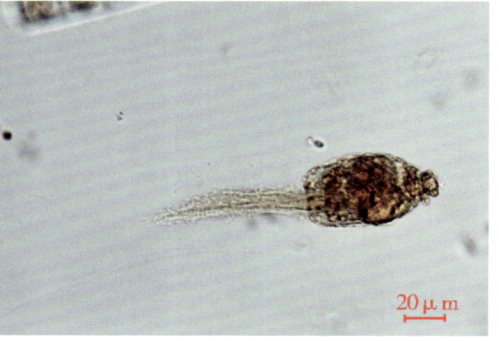
胶鞘轮虫 *Collotheca* sp.

7.2.3 枝角类

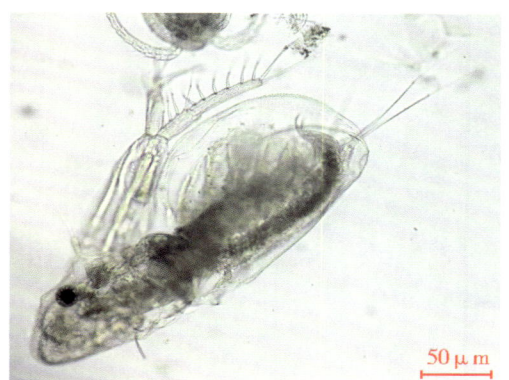

秀体溞 *Diaphanosoma* sp.

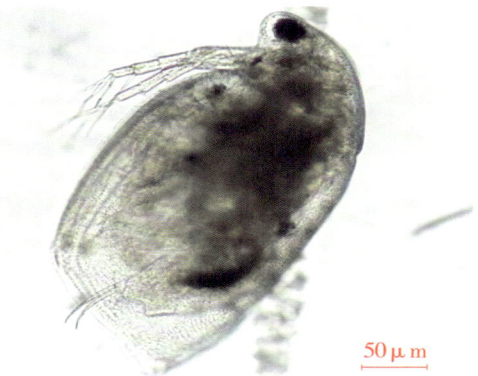

低额溞 *Simocephalus* sp.

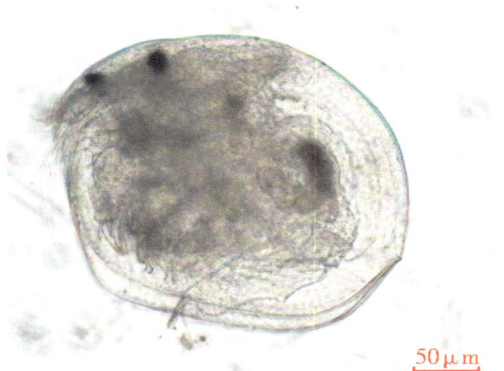

圆形盘肠溞 *Chydorus sphaericus*

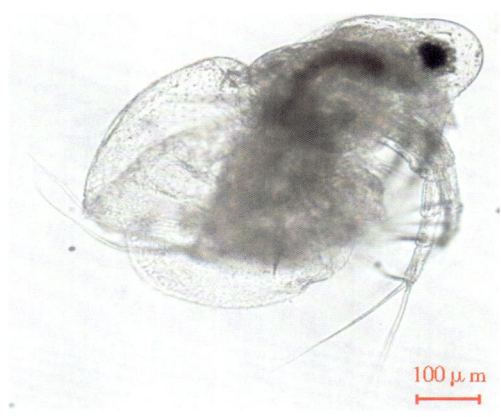

微型裸腹溞 *Moina micrura*

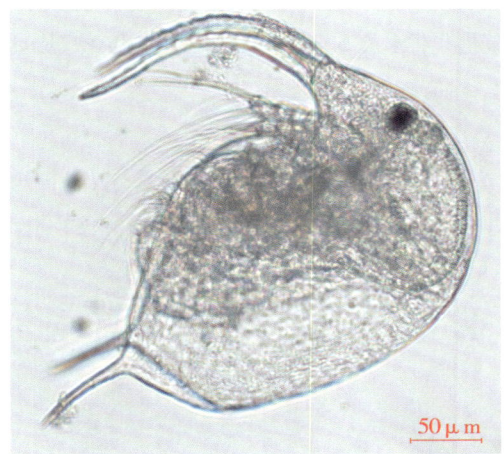

象鼻溞 *Bosmina* sp.

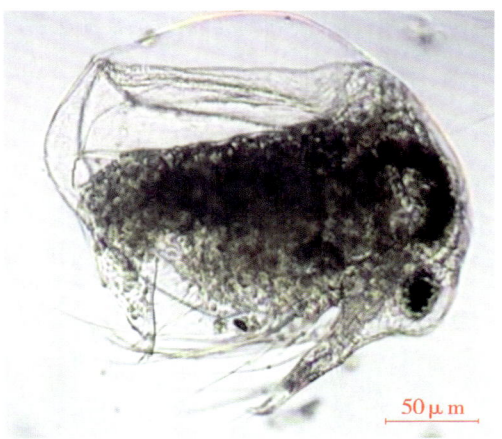

颈沟基合溞 *Bosminopsis deitersi*

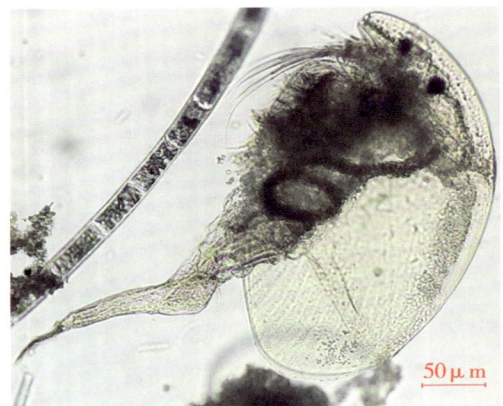

弯尾溞 *Camptocercus* sp.

7.2.4 桡足类

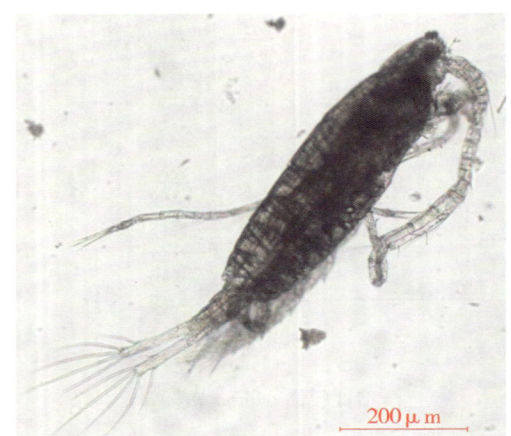

汤匙华哲水蚤 *Sinocalanus dorrii* 雄体

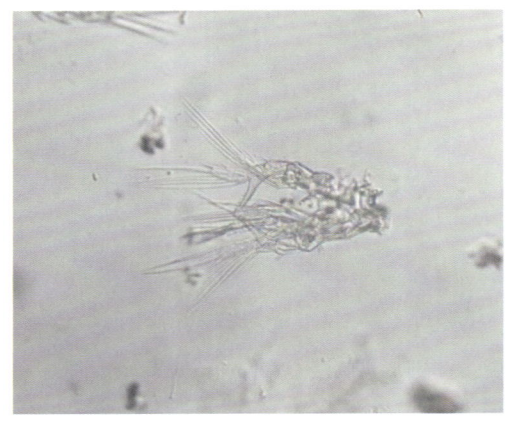

汤匙华哲水蚤 *Sinocalanus dorrii* 雌体第 5 胸足

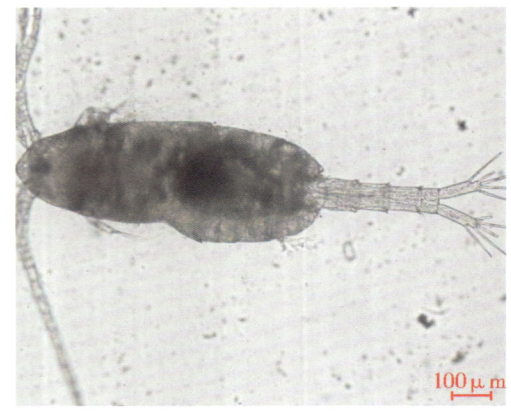

球状许水蚤 *Schmackeria forbesi* 雄体

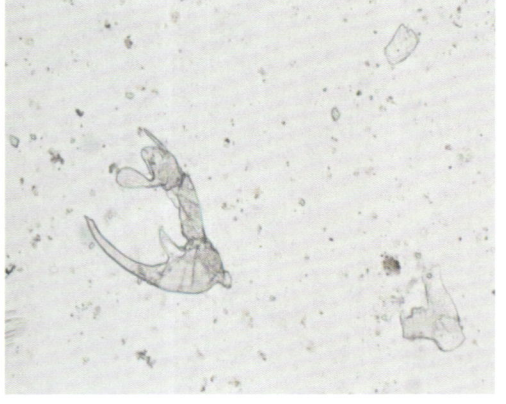

球状许水蚤 *Schmackeria forbesi* 雄体第 5 胸足

第 7 章　九江市城市湖泊主要水生生物附图

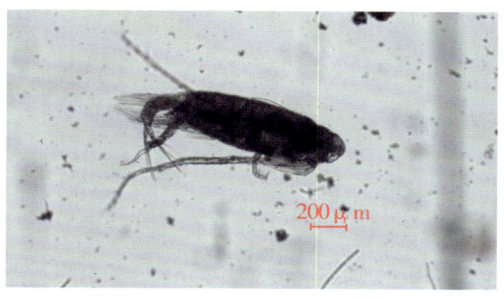
右突新镖水蚤 Neodiaptomus schmackeri 雄体

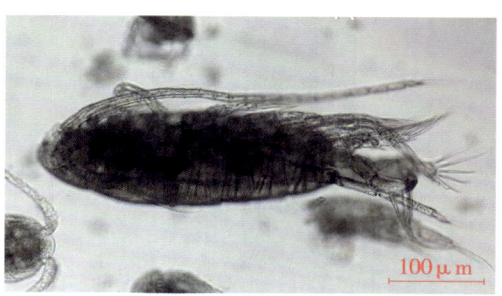
右突新镖水蚤 Neodiaptomus schmackeri 雄体

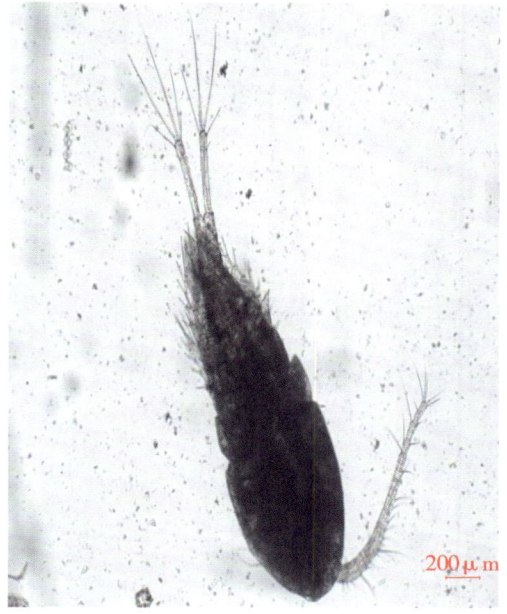
剑水蚤 Cyclops sp. 雄体

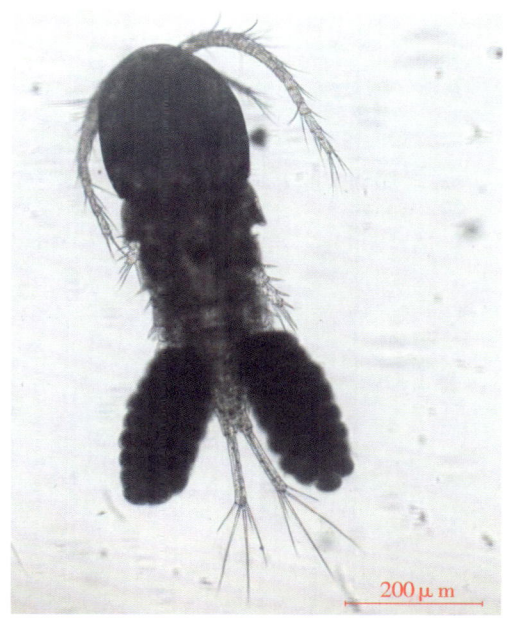
剑水蚤 Cyclops sp. 雌体

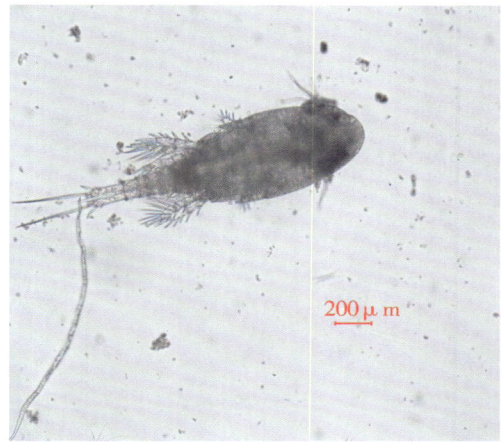
真剑水蚤 Eucyclops sp. 雄体

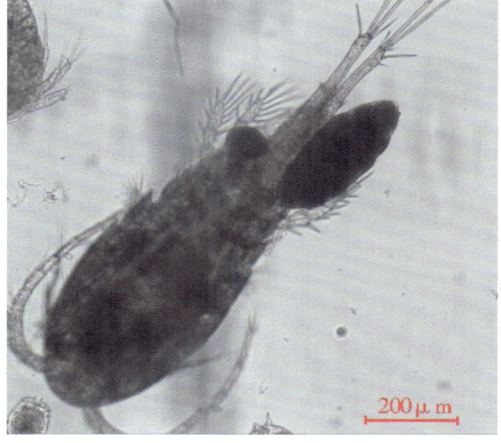
真剑水蚤 Eucyclops sp. 雌体

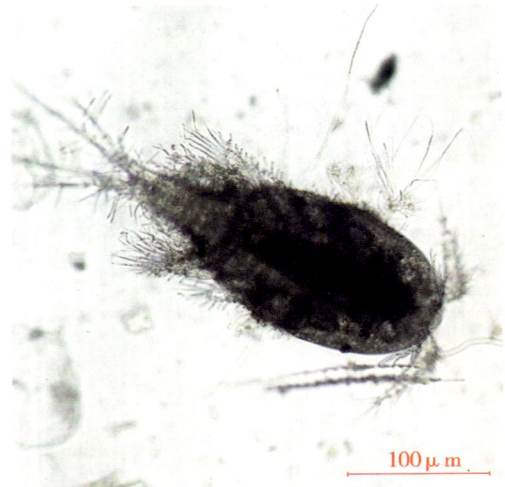
拟剑水蚤 *Paracyclops* sp.

猛水蚤 Harpacticoida

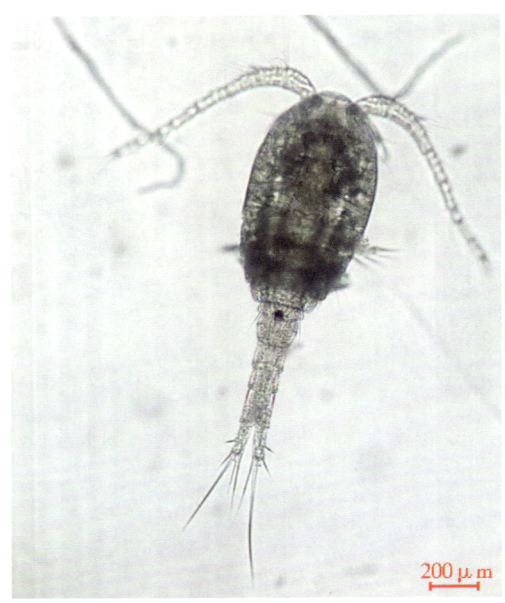
中剑水蚤 *Mesocyclops* sp.

附 表

附表 1　九江市城市湖泊主要浮游植物名录表

门	中文名	拉丁文名	八里湖	赛城湖	白水湖	芳兰湖	甘棠湖	南门湖	琵琶湖
硅藻门	minuta桥弯藻	*Cymbella minuta*							√
	变异直链藻	*Melosira varians*	√						√
	波缘藻 sp.	*Cymatopleura* sp.	√	√		√			
	布纹藻 sp.	*Gyrosigma* sp.				√			
	侧链藻	*Pleurosira* sp.	√	√	√				
	粗壮双菱藻	*Surirella robusta*	√						
	脆杆藻 sp.	*Fragilaria* sp.	√						
	锯刀状布纹藻	*Gyrosigma scalproides*			√				
	短缝藻 sp.	*Eunotia* sp.	√						
	放射舟形藻	*Navicula radiosa*	√	√		√			
	谷皮菱形藻	*Nitzschia palea*	√					√	
	胡斯特桥弯藻	*Cymbella hustedtii*	√	√		√			
	极小冠盘藻	*Stephanodiscus minutulus*	√	√					
	极小弯壳藻	*Achnanthidium minutissima*	√		√	√	√	√	
	尖布纹藻	*Gyrosigma acuminatum*	√						
	尖针杆藻	*Synedraacusvar*	√		√	√		√	√

续表

门	中文名	拉丁文名	八里湖	赛城湖	白水湖	芳兰湖	甘棠湖	南门湖	琵琶湖
硅藻门	尖肘形藻	*Ulnaria acusvar*	√						
	近缘桥弯藻	*Cymbella affinis*		√					
	具星小环藻	*Cyclotellastelligera*		√					
	颗粒沟链藻	*Aulacoseira granulata*	√	√	√	√			
	颗粒沟链藻极狭变种	*Aulacoseira granulata var. angustissima*	√		√				
	颗粒沟链藻极狭变种螺旋变型	*Aulacoseira granulata var. angustissima f. spiralis*	√	√		√			
	颗粒沟链藻螺旋变型	*Aulacoseira granulata var. spiralis*	√	√	√				
	菱形藻 sp.	*Nitzschia* sp.			√				√
	卵形双菱藻	*Surirella ovata*	√	√	√				
	卵形藻 sp.	*Cocconeis* sp.							√
	梅尼小环藻	*Cyclotellameneghiniana*	√	√	√	√			
	美丽星杆藻	*Asterionella formosa*	√	√	√				
	模糊沟链藻	*Aulacoseira ambigua*	√	√	√	√		√	
	扭曲小环藻	*Cyclotellacomta*	√	√	√				
	平片形藻簇生变种	*Ulnaria tabulata var. fasciculata*	√		√	√			
	桥弯藻 sp.	*Cymbella* sp.		√					
	曲壳藻 sp.	*Achnanthes* sp.		√					
	双尖菱板藻	*Hantzschia amphioxys*	√	√	√				√
	双菱藻 sp.	*Surirella* sp.	√	√	√	√			

续表

门	中文名	拉丁文名	八里湖	赛城湖	白水湖	芳兰湖	甘棠湖	南门湖	琵琶湖
	双头舟形藻	*Navicula dicephala*	√						√
	四棘藻 sp.	*Attheya*	√						
	碎片菱形藻	*Nitzschia frustulum*	√						
	弯壳藻	*Achnanthidium* sp.		√					
	微型舟形藻	*Navicula minima*	√						
	系带舟形藻	*Navicula cincta* (Ehr)				√			
	细小桥弯藻	*Cymbella pusilla*	√			√			
	箱型桥弯藻	*Cymbella cistula*		√	√				
	小环藻 sp.	*Cyclotella* sp.	√	√	√	√		√	√
硅藻门	新星形冠盘藻	*Stephanodiscus neoastraea*	√	√					
	星杆藻 sp.	*Asterionella* sp.	√		√				
	异极藻 sp.	*Gomphonema* sp.		√					
	隐头舟形藻	*Navicula cryptocephala*	√						√
	英吉利舟形藻	*Navicula anglica*		√	√		√		
	扎卡四棘藻	*Attheya zachariasi*							√
	窄异极藻	*Gomphonema angutatum*		√					
	长刺根管藻	*Rhizosolenia longiseta*							
	针杆藻 sp.	*Synedraacus*	√		√				
	舟形藻 sp.	*Navicula* sp.	√	√	√	√			
	肘形藻 sp.	*Ulnaria* sp.	√	√	√	√			

续表

门	中文名	拉丁文名	八里湖	赛城湖	白水湖	芳兰湖	甘棠湖	南门湖	琵琶湖
硅藻门	肘状脆杆藻	*Fragilaria ulna*							√
	肘状针杆藻	*S. ulna*	√	√		√	√		√
	肘状肘形藻	*Ulnaria ulna*	√	√		√			
	肘状肘形藻簇生变种	*Ulnaria ulna var. fasciculata*		√					
	舟形舟形藻	*Navicula gastrum*	√						
甲藻门	埃尔扒多甲藻	*Peridiniopsis elpatiewskyi*	√		√				
	埃尔多甲藻	*Peridinium elpatiewsky*		√	√				
	薄甲藻	*Glenodinium* sp.	√	√	√				
	多甲藻 sp.	*Peridinium* sp.	√	√					
	光薄甲藻	*Glenodinium gymnodinium*	√		√				
	角甲藻	*Ceratium hirundinella*		√	√	√		√	
	柯维拟多甲藻	*Peridiniopsis kevei*	√			√			
	裸甲藻 sp.	*Gymnodinium* sp.	√	√	√	√			
	佩纳形拟多甲藻	*Peridiniopsis penardiforme*	√		√	√			
金藻门	分歧锥囊藻	*Dinobryon divergens*	√	√	√	√	√	√	
	具尾鱼鳞藻	*Mallomonas caudata*	√	√	√				
	群聚锥囊藻	*Dinobryon sociale*	√	√	√	√			
	鱼鳞藻 sp.	*Mallomonas* sp.	√	√	√				
	圆筒锥囊藻	*Dinobryon cylindricum*		√			√	√	
	长锥形锥囊藻	*Dinobryon bavaricum*		√				√	

续表

门	中文名	拉丁文名	八里湖	赛城湖	白水湖	芳兰湖	甘棠湖	南门湖	琵琶湖
蓝藻门	阿氏浮丝藻	*Planktothrix agardhii*		√	√	√			
	阿氏项圈藻	*Anabaenopsis arnoldii*	√	√					
	伯格金孢藻	*Chrysosporum bergii*	√						
	博恩常丝藻	*Tychonema bornetii*	√	√	√				
	颤藻 sp.	*Oscillatoria*	√			√			
	粗大微囊藻	*Mirobussa*	√	√					
	等丝浮丝藻	*Planktothrix isothrix*	√		√				
	点形平裂藻	*Merismopedia punctata* Meyen	√	√					
	钝顶节旋藻	*Arthrospira platensis*							
	浮丝藻	*Planktothrix* sp.	√						
	浮丝藻 sp.	*Planktothrix* sp.	√	√					
	浮游细鞘丝藻	*Leptolyngbya planktonica*	√	√	√				
	浮游长孢藻	*Dolichospermum planktonicum*	√	√	√	√			
	湖泊小雪藻	*SnowEllalacustris Chodat*		√	√				
	湖生假鱼腥藻	*Pseudanabaena limnetica*	√	√	√				
	环离浮鞘丝藻	*Planktolyngbya circumcreta*	√	√	√	√			
	惠氏微囊藻	*Microcystiswesenbergii*	√		√				
	极小假鱼腥藻	*Pseudanabaena minima*	√		√	√			
	假紧密长孢藻	*Dolichospermum*		√	√				
	假鱼腥藻 sp.	*Pseudanabaena* sp.		√	√	√			√

续表

门	中文名	拉丁文名	八里湖	赛城湖	白水湖	芳兰湖	甘棠湖	南门湖	琵琶湖
蓝藻门	尖头藻 sp.	*Raphidiopsis* sp.	√						
	坚实微囊藻	*Microcystis firma*	√	√					
	紧密长孢藻	*Dolichospermum firma*	√						
	近亲长孢藻	*Dolichospermum affinis*	√	√	√				
	巨颤藻	*Oscillatoria princeps*				√			
	具缘微囊藻	*Microcystis marginata*	√						
	卷曲鱼腥藻	*A. circinalis*	√	√					
	卷曲长孢藻	*Dolichospermum circinale*	√	√					
	拉氏尖头藻	*Cylindrospermopsis raciborskii*	√						
	拉氏拟浮丝藻	*Planktothricoides raciborskii*		√					
	类颤藻鱼腥藻	*A. Oscillarioides*	√						
	立方藻 sp.	*Eucapsis*	√						
	链状假鱼腥藻	*Pseudanabaena catenata*	√						
	螺旋浮丝藻	*planktothrix spiroides*			√				
	螺旋藻 sp.	*spirulina* sp.	√	√	√				
	螺旋长孢藻	*Dolichospermum spiroides*	√	√	√		√		
	绿色微囊藻	*Microcystisviridis*	√						
	矛尖藻 sp.	*Cuspidothrix* sp.	√	√					
	拟浮丝藻 sp.	*Planktothricoides* sp.	√						
	念珠藻 sp.	*Nostocales*	√	√					

续表

门	中文名	拉丁文名	八里湖	赛城湖	白水湖	芳兰湖	甘棠湖	南门湖	琵琶湖
	挪氏微囊藻	*Microcystis novacekii*							
	平裂藻 sp.	*Merismopedia* sp.	√	√	√				
	腔球藻 sp.	*Coelosphserium* sp.	√	√	√	√			
	鞘丝藻	*Lyngbya* sp.							√
	鞘丝藻 sp.	*Lyngbya* sp.	√	√	√	√			
	柔细束丝藻	*Aphanizomenon gracile*		√					
	色球藻 sp.	*Chroococcus* sp.	√		√	√			
	史密斯微囊藻	*Microcystis smithii*	√		√	√			
	史氏棒胶藻	*Rhabdogloea smithii*		√	√				
蓝藻门	束丝藻 sp.	*Aphanizomenon*	√	√	√				
	双生喘囊藻	*Radiocystis geminata Skuja*	√	√	√	√			
	水华束丝藻	*Aphanizomenon flos-aquae* (L) Ralfs	√						
	铜绿微囊藻	*Microcystis aeruginosa*	√	√	√	√			
	土生假鱼腥藻	*Pseudanabaena mucicola*	√						
	弯形尖头藻	*Raphidiopsis curvata*		√					
	微囊藻 sp.	*Microcystis* sp.	√	√	√	√	√	√	√
	微小平裂藻	*Merismopedia tenuissima*	√			√			
	维盖拉鱼腥藻	*A. viguieri*	√						
	席藻 sp.	*Phormidium*		√					
	细鞘丝藻 sp.	*Leptolyngbya* sp.	√	√					

续表

门	中文名	拉丁文名	八甲湖	赛城湖	白水湖	芳兰湖	甘棠湖	南门湖	琵琶湖
蓝藻门	细小平裂藻	*Merismopedia minima*		√					
	细小隐球藻	*Aphanocapsa elacjista*	√	√	√				
	项圈藻 sp.	*Anabaenopsis*	√						
	依沙矛丝藻	*Cuspidothrix issatschenkoi*		√	√				
	银灰平裂藻	*Merismopedia glauca*			√				
	隐杆藻 sp.	*Aphanothece* sp.	√						
	隐球藻 sp.	*Aphanocapsa* sp.	√	√	√				
	鱼腥藻 sp.	*Anabaena*		√	√				
	泽丝藻	*Limothrix* sp.					√		
	长孢藻 sp.	*Dolichospermum* sp.	√	√	√	√			
	真紧密长孢藻	*Dolichospermum*	√						
	中华尖头藻	*Raphidiopsis sinensis*	√	√	√				
裸藻门	暗绿囊裸藻	*Trachelomonas euchlora*	√	√	√	√			
	编织鳞孔藻	*Lepocinclis texta*	√	√	√				
	扁裸藻 sp.	*Phacus* sp.	√	√	√	√			
	多形裸藻	*Euglena polymorpha* Dang	√	√	√	√			√
	河生陀螺藻	*Strombomonas fluviatilis*	√	√					
	棘刺囊裸藻	*Trachelomonas hispida*	√		√				
	尖尾卡克藻	*Kharukineaacute*	√					√	
	尖尾裸藻	*Euglenaoxyuris*	√						

续表

门	中文名	拉丁文名	八里湖	赛城湖	白水湖	芳兰湖	甘棠湖	南门湖	琵琶湖
裸藻门	梨形扁裸藻	Phacus pyrum (Ehr) Stein	√						
	鳞孔藻 sp.	Lepocinclis sp.	√		√	√			
	裸藻 sp.	Euglena sp.	√	√	√	√			
	绿裸藻	Euglena	√	√	√	√			
	囊裸藻 sp.	Trachelomonas sp.	√	√	√	√			√
	琵鹭扁裸藻	Phacus platalea		√		√			
	梭形裸藻	Euglenaacus			√	√			
	梭形陀螺藻长尾变种	Strombomonas	√	√	√	√			
	陀螺藻 sp.	Strombomonas sp.		√	√				
	长尾扁裸藻	Phacus longicauda	√		√				
	皎甲栅藻	Scenedesmusarmatus	√	√	√				
	皎甲栅藻博格变种双尾变型	Scenedesmusarmatus var. boglariensis f. bicausoarus	√	√	√				
	扁盘栅藻	Scenedesmusplatydiscus	√	√	√				
绿藻门	并联藻	Quadrigula sp.	√	√		√			
	波吉卵囊藻	Oocystis borgei							
	博恩微芒藻	Micractinium bornhemiensis		√					
	叉星鼓藻 sp.	Staurodesmus		√	√				
	齿牙栅藻	S. denticulatus	√						
	粗刺四刺藻	Treubaria crassispina	√						√

续表

门	中文名	拉丁文名	八里湖	赛城湖	白水湖	芳兰湖	甘棠湖	南门湖	琵琶湖
绿藻门	单棘四星藻	Tetrastrum hastiferum	√						
	单角盘星藻	Pediastrum simplex	√	√		√			
	单角盘星藻具孔变种	Pediastrum simplex var. duodenarium	√	√	√	√			
	单角盘星藻纤细变种	Pediastrum simplex var. biwaense	√	√	√				
	单生卵囊藻	Oocystis solitaria	√						
	顶棘藻 sp.	Chodatella sp.		√					
	顶接鼓藻 sp.	Spondylosium sp.	√		√				
	顶锥十字藻	Crucigenia apiculata (Lemm) Schm	√	√	√				
	端尖月牙藻	Selenastrum westii	√	√	√				
	短棘盘星藻	Pediastrumboryanum	√						
	短棘四星藻	Tetrastrum staurogeniaeforme		√		√			
	多芒藻 sp.	Golenkinia sp.	√						
	多芒藻 sp.	polyedriopsis sp.	√						
	二角盘星藻	Pediastrum duplex	√	√	√				
	二角盘星藻大孔变种	Pediastrum duplex var. clathratum	√	√	√				
	二角盘星藻纤细变种	Pediastrum duplex var. gracillimum	√	√	√	√			
	二形栅藻	Scenedesmusdimorphus	√		√				
	非洲团藻	V. africanus	√						
	肥壮蹄形藻	Kirchneeriella obesa			√				
	浮球藻	Planktosphaeria gelotinoca	√						

续表

门	中文名	拉丁文名	八里湖	赛城湖	白水湖	芳兰湖	甘棠湖	南门湖	琵琶湖
	浮游四角藻	Tetraëdron planktonicum				√			
	辐射多芒藻	Golenkinia radiata	√	√					
	弓形藻	Schorederia setigera	√		√				
	弓形藻 sp.	Schorederia sp.	√	√	√	√			
	鼓藻 sp.	Cosmarium sp.	√	√	√	√			
	河生集星藻	Actinastrum fluviatile	√		√	√			
	湖生卵囊藻	Oocystis lacustris			√			√	√
	湖生四孢藻	Tetraspora lacustris Emm			√				
	湖沼四孢藻	Tetraspora limnetica			√				
	华美十字藻	Crucigenia lauterbornei	√	√	√	√			
绿藻门	极小单针藻	Monoraphidium pusillum	√		√				
	集星藻	Actinastrum hantzschii	√	√					
	集星藻 sp.	Actinastrum sp.	√		√				
	戟形四角藻	Tetraëdron hastatum (Reinsch) Hansgirg	√	√					
	尖细栅藻	Scenedesmus acuminatus	√	√	√	√			
	尖形栅藻	Scenedesmus acutiformis	√						
	胶刺空球藻	E. echidna	√						
	胶网藻 sp.	Dictyosphaerium sp.	√		√				
	角星鼓藻 sp.	Staurastrum sp.	√	√	√	√			
	具齿角星鼓藻	Staurastrum indentatum		√					

续表

门	中文名	拉丁文名	八里湖	赛城湖	白水湖	芳兰湖	甘棠湖	南门湖	琵琶湖
绿藻门	具尾四角藻	*Tetraëdron caudatum*	√						
	柯氏丰联藻	*Quadrigula chodatii*	√	√	√				
	空球藻	*Eudorina elegans*	√	√	√				
	空球藻 sp.	*Eudorina elegans* sp.	√	√	√	√			
	空星藻 sp.	*Coelastrum* sp.	√	√		√			
	镰形纤维藻	*Ankistrodesmus falcatus*	√			√			
	亮绿转板藻	*Mougeotia laetevirens*	√						
	六臂角星鼓藻	*Staurastrum senarium*							
	龙骨栅藻	*Scenedesmus carinatus*		√	√				
	卵囊藻 sp.	*Oocystis* sp.	√	√	√	√			√
	螺旋弓形藻	*Schorederia spiralis*	√	√	√				
	美丽胶网藻	*Dictyosphaerium pulchellum*	√	√	√	√			
	美丽盘藻	*Gonium formosum*	√	√					
	拟新月藻 sp.	*Closteriopsis* sp.	√						
	扭曲蹄形藻	*Kirchneriella contorta*	√	√	√				
	盘星藻 sp.	*Pediastrum*	√						
	膨胀四角藻	*Tetraëdron tumidulum*	√	√					
	平顶顶接鼓藻	*Spondylosium planum*	√	√	√				
	鞘藻 sp.	*Oedogonium* sp.	√						
	三角四角藻	*Tetraëdron trigonum*	√	√	√				

续表

门	中文名	拉丁文名	八里湖	赛城湖	白水湖	芳兰湖	甘棠湖	南门湖	琵琶湖
	三叶四角藻	Tetraëdron trilobulatum	√	√					
	肾形藻	Nephrocytium agardhianum	√	√	√				
	肾形藻 sp.	Nephrocytium sp.	√		√				
	十字藻	Crucigenia apiculata		√					
	十字藻 sp.	Crucigenia sp.	√		√				
	实球藻	Pandorinamorum	√	√	√				
	双对栅藻	Scenedesmusbijuga	√	√					
	双对栅藻交错变种	Scenedesmusbijuga var. alternans	√		√				
	双棘栅藻	Scenedesmusbicaudatus							
	水绵	Spirogyra sp.							
绿藻门	水绵 sp.	Spirogyra sp.				√		√	
	丝藻 sp.	Ulothrix sp.	√						
	四孢藻 sp.	Tetraspora sp.	√		√	√			
	四鞭藻	Carteria sp.	√	√	√	√			
	四刺顶棘藻	Chodatella quadriseta	√	√		√			
	四刺藻 sp.	Treubaria sp.		√	√				
	四角盘星藻	Pediastrum tetras	√	√	√				
	四角盘星藻四齿变种	Pediastrum tetras var. tetraodon	√	√	√				
	四角十字藻	Crucigenia quadrata orr	√	√	√				
	四角藻 sp.	Tetraëdron sp.	√	√	√	√			

续表

门	中文名	拉丁文名	八里湖	赛城湖	白水湖	芳兰湖	甘棠湖	南门湖	琵琶湖
	四尾栅藻	Scenedesmus quadricauda							
	四星藻 sp.	Tetrastrum sp.	√			√			
	四足十字藻	Crucigenia tetrapedia	√	√	√	√			
	蹄形藻	Kirchneriella			√	√			
	蹄形藻 sp.	Kirchneriella sp.	√						
	团藻 sp.	Volvox sp.	√						
	弯曲栅藻	Scenedesmus arcuatus		√	√	√			
	网状空星藻	Coelastrum reticulatum		√	√				
	威尔角星鼓藻	Staurastrum willsii							
绿藻门	微芒藻	Micractinium pusillum	√	√					
	微芒藻 sp.	Micractinium sp.	√	√	√				
	微细转板藻	Mougeotia parvula		√	√				
	微小四角藻	Tetraëdron minimum	√		√	√			
	韦斯藻 sp.	Westella sp.	√						
	细小四角藻具角变种	Tetraëdron pusillum var. anglense	√	√	√	√			
	狭形纤维藻	Ankistrodesmus angustus		√	√	√			√
	纤毛顶棘藻	Chodatella ciliata	√	√	√				
	纤维藻 sp.	Ankistrodesmus sp.	√	√	√	√			
	纤细角星鼓藻	Staurastrum gracile	√		√	√			
	纤细新月藻	Closterium gracile	√	√	√	√			

续表

门	中文名	拉丁文名	八里湖	赛城湖	白水湖	芳兰湖	甘棠湖	南门湖	琵琶湖
	纤细月牙藻	*Selenastrum gracile* Reinsch	√						
	小空星藻	*Coelastrum microporum*	√	√	√	√			
	小球藻 sp.	*Chlorella* sp.	√	√	√	√	√	√	√
	小桩藻	*Characium* sp.	√		√			√	
	新月藻 sp.	*Closterium* sp.	√	√	√	√			
	旋转单针藻	*Monoraphidium contortum*		√	√	√	√	√	√
	衣藻 sp.	*Chlamydomonas* sp.	√						
	异刺四星藻	*Tetrastrum heterocanthum*		√					
	游丝藻 sp.	*Planctonema* sp.	√	√	√			√	√
绿藻门	月牙藻	*Selenastrum bibraianum*	√	√	√				
	月牙藻 sp.	*Selenastrum* sp.	√	√	√	√		√	√
	杂球藻	*Pleodorina californica*			√	√			
	栅藻 sp.	*Scenedesmus* sp.	√				√		
	长绿梭藻	*Chlorogonium elongatum*	√	√	√				
	爪哇栅藻	*S. javaensis*	√	√	√	√			
	针形纤维藻	*Ankistrodesmus*		√					
	直角十字藻	*Crucigenia rectangularis*				√	√		
	直透明针形藻	*Hyalorhaphidium rectum*						√	
	转板藻 sp.	*Mougeotia* sp.							

续表

门	中文名	拉丁文名	八甲湖	寨城湖	白水湖	芳兰湖	甘棠湖	南门湖	琵琶湖
隐藻门	尖尾蓝隐藻	*Chroomonas acuta*	√	√	√	√	√	√	√
	具尾蓝隐藻	*Chroomonas caudata*	√		√	√			
	蓝隐藻 sp.	*Chroomonas* sp.	√	√	√				
	卵形隐藻	*Cryptomonas ovata*	√	√	√	√	√	√	√
	啮蚀隐藻	*Cryptomonas erosa*	√	√	√	√			
	隐藻 sp.	*Cryptomonas* sp.		√					
黄藻门	黄管藻 sp.	*Ophiocytium*							

附表 2　九江市城市湖泊主要浮游动物名录表

门	中文名	拉丁文名	八里湖	赛城湖	白水湖	芳兰湖	甘棠湖	南门湖	琵琶湖
原生动物	变形虫	Amoeba sp.	√						
	半圆表壳虫	Arcella hemisphaerica							√
	叉口砂壳虫	Difflugia gramen		√	√	√	√	√	
	瓶砂壳虫	Difflugia urceolata		√					
	湖沼砂壳虫	Difflugia limnetica	√	√		√			
	球砂壳虫	Difflugia globulosa		√					
	橡子砂壳虫	Difflugia glans	√	√					
	木兰砂壳虫	Difflugia mulanensis	√	√					
	冠砂壳虫	Difflugia corona		√					
	砂壳虫	Difflugia sp.	√	√	√	√			
	水藓旋匣壳虫	Centropyxis acrophila sphagnicola						√	
	太阳虫	Actinophrys sp.	√	√	√				
	光辫虫	Actinosphaerium sp.	√						
	刺胞虫	Acanthocystis sp.	√		√	√			
	前管虫	Prorodon sp.		√					
	双叉尾毛虫	Urotricha furcata			√				
	尾毛虫	Urotricha sp.	√	√	√		√		
	板壳虫	Coleps sp.		√	√				
	瓶口虫	Lagynophrya sp.		√	√				
	长吻虫	Lacrymaria sp.	√	√	√	√			

续表

门	中文名	拉丁文名	八里湖	赛城湖	白水湖	芳兰湖	甘棠湖	南门湖	琵琶湖
原生动物	刀口虫	*Spathidium* sp.	√						
	长颈虫	*Dileptus* sp.			√				
	小单环栉毛虫	*Didinium balbianii nanum*		√	√				
	单环栉毛虫	*Didinium balbianii*		√	√				
	双环栉毛虫	*Didinium nasutum*	√	√	√				
	团睥脱虫	*Askenasia volvox*	√	√	√				
	球吸管虫	*Sphaerophrya* sp.	√	√		√			
	睫杵虫	*Ophryoglena* sp.	√	√	√				
	草履虫	*Paramecium* sp.	√						
	膜袋虫	*Cyclidium* sp.	√	√	√	√	√	√	
	钟虫	*Vorticella* sp.	√	√	√				
	矛刺虫	*Hastatella* sp.	√		√				
	累枝虫	*Epistylis* sp.	√			√	√		
	喇叭虫	*Stentor* sp.	√						
	弹跳虫	*Halteria* sp.	√						
	急游虫	*Strombidium* sp.			√				
	旋回侠盗虫	*Strobilidium gyrans*	√	√	√	√	√	√	
	陀螺侠盗虫	*Strobilidium velox*	√	√	√	√	√		
	侠盗虫	*Strobilidium* sp.	√	√	√		√	√	
	瘦尾虫	*Uroleptus* sp.		√				√	√

续表

门	中文名	拉丁文名	八里湖	赛城湖	白水湖	芳兰湖	甘棠湖	南门湖	琵琶湖
原生动物	尖尾虫	*Oxytricha* sp.	√						
	棘尾虫	*Stylonychia* sp.			√				
	游仆虫	*Euplotes* sp.	√	√					
	小筒壳虫	*Tintinnidium pusillum*	√	√	√	√			
	淡水筒壳虫	*Tintinnidium fluviatile*		√	√	√			
	筒壳虫	*Tintinnidium* sp.	√	√					
	中华似铃壳虫	*Tintinnopsis sinensis*	√	√	√	√	√		√
	王氏似铃壳虫	*Tintinnopsis wangi*	√						
	筒状似铃壳虫	*Tintinnopsis tubulosa*	√	√		√			
	湖沼似铃壳虫	*Tintinnopsis lacutris*	√	√					
	东方似铃壳虫	*Tintinnopsis orientalis*	√	√	√				
	似铃壳虫	*Tintinnopsis* sp.			√	√			
	薄铃虫	*Leprotintinnus* sp.		√	√				
	纤毛虫	Ciliate		√					
轮虫	旋轮虫	*Philodina* sp.	√	√					
	长足轮虫	*Rotaria neptunia*							√
	蛭态目轮虫	Bdelloidea	√						
	钝角狭甲轮虫	*Colurella obtusa*				√		√	√
	钩状狭甲轮虫	*Colurella uncinata*	√			√			
	萼花臂尾轮虫	*Brachionus califlorus*	√	√	√	√			√

续表

门	中文名	拉丁文名	八里湖	赛城湖	白水湖	芳兰湖	甘棠湖	南门湖	琵琶湖
轮虫	方形臂尾轮虫	Brachionus quadridentatus	√	√					√
	壶状臂尾轮虫	Brachionus urceus	√	√	√				√
	剪形臂尾轮虫	Brachionus forficula	√	√		√			
	角突臂尾轮虫	Brachionus angularis	√	√	√	√			
	尾突臂尾轮虫	Brachionus caudatus		√					
	镰状臂尾轮虫	Brachionus falcatus	√	√	√	√			
	裂足臂尾轮虫	Brachionus diversicornis	√	√	√	√			
	蒲达臂尾轮虫	Brachionus budapestiensis	√	√		√			
	螺形龟甲轮虫	Keratella cochlearis	√	√	√	√			
	曲腿龟甲轮虫	Keratella valga	√	√					
	柔软龟甲轮虫	Keretella delicata	√	√		√			
	矩形龟甲轮虫	Keratella quadrata						√	
	裂痕龟纹轮虫	Anuraeopsis fissa			√				
	叶状帆叶轮虫	Argonotholca foliacea					√		
	唇形叶轮虫	Notholca labis							
	大肚须足轮虫	Euchlanis dilatata			√				
	水轮虫	Epiphanes sp.							
	尖趾腔轮虫	Lecane closterocerca					√		
	史氏腔轮虫	Lecane stenroosi			√				
	腔轮虫	Lecane sp.	√	√					

续表

门	中文名	拉丁文名	八里湖	赛城湖	白水湖	芳兰湖	甘棠湖	南门湖	琵琶湖
轮虫	前节晶囊轮虫	*Asplanchna priodonta*	√						
	盖氏晶囊轮虫	*Asplanchna girodi*	√						
	晶囊轮虫	*Asplanchna* sp.	√	√	√	√			
	前翼轮虫	*Proales* sp.	√	√	√				
	椎轮虫	*Notommata* sp.	√	√					
	小链巨头轮虫	*Cephalodella catellina*	√						√
	小巨头轮虫	*Cephalodella exigna*	√	√					
	巨头轮虫	*Cephalodella* sp.	√						
	弧形彩胃轮虫	*Chromogaster testudo*	√	√					
	彩胃轮虫	*Chromogaster* sp.	√	√					
	圆筒异尾轮虫	*Trichocerca cylindrica*	√	√					
	等棘异尾轮虫	*Trichocerca similis*	√	√	√	√	√		
	罗氏异尾轮虫	*Trichocerca rousseleti*	√	√	√			√	
	纵长异尾轮虫	*Trichocerca elongata*	√						
	暗小异尾轮虫	*Trichocerca pusilla*	√	√	√	√			
	刺盖异尾轮虫	*Trichocerca capucina*	√	√					
	异尾轮虫	*Trichocerca* sp.	√	√	√	√			
	针簇多肢轮虫	*Polyarthra trigla*	√	√	√	√	√	√	√
	疣毛轮虫	*Synchaeta* sp.	√	√	√	√	√	√	√
	沟痕泡轮虫	*Pompholyxsulcata*	√	√					

续表

门	中文名	拉丁文名	八里湖	赛城湖	白水湖	芳兰湖	甘棠湖	南门湖	琵琶湖
轮虫	奇异六腕轮虫	*Hexarthra mira*	√						
	微小三肢轮虫	*Filinia minuta*		√		√			
	臂三肢轮虫	*Filinia brachiata*			√	√			
	长三肢轮虫	*Filinia longiseta*	√	√					
	跃进三肢轮虫	*Filinia passa*			√				
	独角聚花轮虫	*Conochilus unicornis*	√	√		√	√		
	叉角拟聚花轮虫	*Conochilus dossuarius*				√			
	胶鞘轮虫	*Collotheca* sp.	√	√	√	√			
枝角类	透明薄皮溞	*Leptodora kindti*	√	√					
	短尾秀体溞	*Diaphanosoma brachyurum*	√	√	√	√			
	仙达溞	*Sida* sp.		√					
	秀体溞	*Diaphanosoma* sp.	√	√	√	√			
	长肢秀体溞	*Diaphanosoma leuchtenbergianum*	√						
	短型裸腹溞	*Moina brachiata*		√	√	√			
	裸腹溞	*Moina* sp.	√	√	√				
	微型裸腹溞	*Moina micrura*	√	√	√				
	方形尖额溞	*Alona quadrangularis*		√	√				
	尖额溞	*Alona* sp.	√	√	√				
	盘肠溞	*Chydorus* sp.	√		√		√		
	圆形盘肠溞	*Chydorus sphaericus*	√					√	

续表

门	中文名	拉丁文名	八里湖	赛城湖	白水湖	芳兰湖	甘棠湖	南门湖	琵琶湖
枝角类	东方宽额溞	*Euryalona orientalis*							
	弯尾溞	*Camptocercus* sp.		√					
	直额弯尾溞	*Camptocercus rectirostris*			√				
	平突船卵溞	*Scapholeberis mucronata*						√	
	低额溞	*Simocephalus* sp.	√				√		
	蚤状溞	*Daphnia（Daphnia）pulex*	√	√	√	√	√		√
	僧帽溞	*Daphnia（Daphnia）cucullata*	√	√					
	角突网纹溞	*Ceriodaphnia cornuta*				√			
	基合溞	*Bosminopsis* sp.				√			
	颈沟基合溞	*Bosminopsis deitersi*		√		√			
	脆弱象鼻溞	*Bosmina fatalis*				√			
	筒弧象鼻溞	*Bosminacoregoni*	√						
	象鼻溞	*Bosmina* sp.		√		√			
	长额象鼻溞	*Bosminalongirostris*							
桡足类	哲水蚤目	Calanoida	√		√	√	√	√	
	哲水蚤桡足幼体	Canaloida Copepodid	√	√	√	√	√	√	
	右突新镖水蚤	*Neodiaptomus schmackeri*	√				√	√	
	球状许水蚤	*Schmackeria forbesi*	√	√		√	√		
	汤匙华哲水蚤	*Sinocalanus dorrii*	√	√		√	√	√	
	剑水蚤目	Cyclopoida	√		√				

续表

门	中文名	拉丁文名	八里湖	赛城湖	白水湖	芳兰湖	甘棠湖	南门湖	琵琶湖
	剑水蚤幼体	Cyclopoida Copepodid	√						√
	广布中剑水蚤	Mesocyclops leuckarti		√	√	√	√	√	√
	剑水蚤	Cyclops sp.		√	√		√		
	跨立小剑水蚤	Microcyclops varicans	√			√			
桡足类	拟剑水蚤	Paracyclops sp.	√	√	√	√			
	真剑水蚤	Eucyclops sp.	√				√		
	中剑水蚤	Mesocyclops sp.			√				
	温剑水蚤	Thermocyclops sp.	√						
	猛水蚤目	Harpacticoida	√	√	√		√	√	
	无节幼体	Nauplius							√

图书在版编目（CIP）数据

九江市城市湖泊水生态监测调查实用手册 / 黄开忠，陈威主编. －－ 武汉：长江出版社，2025.1. －－ ISBN 978-7-5804-0050-5

Ⅰ．X524-62

中国国家版本馆 CIP 数据核字第 2025583GB5 号

九江市城市湖泊水生态监测调查实用手册
JIUJIANGSHICHENGSHIHUPOSHUISHENGTAIJIANCEDIAOCHASHIYONGSHOUCE

黄开忠　陈威　主编

责任编辑：	闫彬　许泽涛
装帧设计：	汪雪
出版发行：	长江出版社
地　　址：	武汉市江岸区解放大道1863号
邮　　编：	430010
网　　址：	https://www.cjpress.cn
电　　话：	027-82926557（总编室）
	027-82926806（市场营销部）
经　　销：	各地新华书店
印　　刷：	武汉市卓源印务有限公司
规　　格：	787mm×1092mm
开　　本：	16
印　　张：	7.75
字　　数：	175千字
版　　次：	2025年1月第1版
印　　次：	2025年1月第1次
书　　号：	ISBN 978-7-5804-0050-5
定　　价：	68.00元

（版权所有　翻版必究　印装有误　负责调换）